IT
エコタウン

まちが変わる！ゴミが消える！
エネルギーが生まれる！

ITエコタウン研究会

財界研究所

はじめに──ITエコタウン構想は地球温暖化防止と日本発の文化創造技術ではじまった！

地球が誕生して、およそ五〇億年以上が経つといわれます。直径一万二七五六キロメートル、重さ五九七四×一〇の二四乗キログラムの球の上に、現在約六〇億人の人類が住んでいます。この地球上で、近年三〇〇〇万人以上の人類が干ばつで死亡しました。この宇宙船地球号の現状は、干ばつ・土壌の塩化・CO2問題・異常気象・酸性雨・森林伐採・海洋河川汚染・廃棄物問題等多くの文明矛盾が連鎖複合化し、もはや地球号は末期的症状を呈しています。

今日、このような状態に至ったのも、人口が一〇億人から急激に六〇億人ほどに膨れ上がったのも、ここ一〇〇年くらいの短い出来事であり、地球の歴史から見るとわずか五〇〇〇万分の一というほんのまばたきほどの瞬間で、自らの住まいを廃墟と化しつつあります。この大きな原因は、地球が〝無機金属類〟の上に「酸素」「水」および「アミノ酸等の微生物」から培われた生態系の生き物であり、この自然の営みの調和に対する配慮を怠り、先進国の重厚長大産業いわゆるマクロ経済偏重の動脈産業優先社会構造からなる人災といっても決して過言ではありません。

地球上で最も知的な生物である私たち人類は、閉鎖系飛行物体地球号をわが家と考え、一時的なその場しのぎの策と利にとらわれず、二一世紀は地球とあらゆる生物との永久的共存共栄を計り、天の輪廻、自然の摂理、生態系保存を考慮した「地球と人類の調和」を保つ静脈産業社会を構築すると共に地球資源のパラダイムを計らなければなりません。

ITエコタウン研究会は、経験値からしか予測できない学者やアナリストの構想には限界がきていると考えています。日本における教育の最大の欠陥は、「過去を語る人が賢者で、未来を語る人は愚者だ」という考えです。コンピューター時代になっても、この人間の習性は変わっていません。尊敬されているとしたら「鉄腕アトム」を描いた手塚治虫さんくらいです。去年テレビで経済予測をしていた評論家が何人残っているでしょうか。それよりは、タクシーの運転手や葬儀屋さん、ゴミ処理屋さん、警備員さんなど生活の現場で人がやりたがらない裏方の社会を支えている方々の予測や現象を収集したほうが間違いのない予測ができます。

さらには、著名政財界人が焼き鳥屋でこぼしたくなるような問題までを創造的に解決していくのが当研究会です。ITエコタウン構想をとおして、赤字国債を消しながらの理想的な国のあり方、地方の新しい「まち」のつくり方、会社の新しい事業計画、新しい町内会のあり方、学生さんのこれからの企業の選び方までを、政治家からご家庭の奥様方まで読んでいただければというのが「新日本まちづくり誌」ともいえる本書です。出版に際して、ご協力いただきましたウィンドマーク投資顧問の竹下賢一社長や東京食品リサイクル事業協同組合の鈴木勇吉理事長にはひとかたならぬお世話になりましたことを、この場をかりて御礼申し上げます。

二〇〇二年五月

ＩＴエコタウン研究会代表幹事　藤原伝夫

ITエコタウン　目次

[第一章]　地球を救え！危機に瀕する「宇宙船地球号」――9
◉地球的規模でひろがる環境破壊
◉地球の炭素分布と循環
◉地球を包んでいる温室効果ガス
◉気温が上昇すればどのような影響がでるのか？
◉地球温暖化への対策を早急に進めなければならない
◉ライフスタイルの見直し
◉国際的な取り組み
◉企業と経営者の感覚が変われば……
◉これからの環境と企業戦略
◉認識を共有すること

[第二章]　循環型社会を目指して――31
◉大量生産、大量消費、大量廃棄の見直しを
◉京都議定書
◉日本の環境基本計画
◉食品リサイクルへの対応
◉自治体が頭を痛める廃棄物処理

◉全面焼却の限界
◉広域処理の必要性
◉循環型社会が新たな産業と雇用を創出する
◉消費者の自覚と応分負担

[第三章] 食品リサイクルの問題点——49

①食品リサイクルの現状
◉日本の廃棄物処理は五〇点
◉処理の実態も把握されていない
◉基盤もないのに制度ばかりが厳しくなっているところに問題がある
◉汚染原因者は誰か
◉処理コストを含んだ経済システム
◉一貫性を欠く発想が問題
◉エキスパートの役割
◉企業のエコ格付けを
◉一億総環境産業化の風潮
◉分別の教育なしに環境問題は解決しない
◉日本人はどん底までいかないと立ち上がれないのか

②[座談会] 食品リサイクルの現場から
◉いま食品リサイクルの現場はどうなっているのか
◉生ゴミ消滅装置からエネルギー製造装置へ

◉現場を知らない縦割りの行政システム
◉まず実績をつくって行政に認めさせることから始まる
③生ゴミの肥料化と土壌汚染問題
◉栄養過多の土壌
◉八〇年代後半から浮上した塩害問題
◉国際的な視野で考えることが必要
◉日本は環境先進国とはいえない
◉深刻な砂漠化問題
[第四章] 食品リサイクルエコ発電(GETS)の仕組み――117
◉肥料化より効率的なエコ発電
◉残留物はわずか二%
◉エコ発電の原理
◉こうして生ゴミは電気に変えられる
◉システム全体が特許に
◉処理に困る大量の牛乳もOK
◉災害時の電力供給に役立てる
[第五章] エコ発電への道 エキシーの挑戦――141
◉一トンの生ゴミから二四〇キロワットを発電
◉スーパーのニチイ会長・小林敏峯氏に見込まれスカウト

◉宇宙ステーション用に生ゴミから水を精製
◉海洋深層水との出会い
◉ゴミ処理問題解決のための処理装置の開発
◉役員会は総反対
◉発電システム開発で独立
◉生ゴミ収集のサテライト方式を開発
◉ドイツ潜水艦から着想
◉工業用携帯電話で遠隔操作

[第六章] ＩＴエコタウン構想 エキシー社長・藤原伝夫氏に聞く

◉砂漠化を止めるのはＩＴエコタウン
◉水道・下水道の次は、ゴミのパイプライン
◉災害に備えて電気、水の四分の一を自給できるまちに
◉ＩＴ化といいながら頭が切り替わらない産業人
◉こうして〝レディコン〟は生まれた
◉自動車の盗難防止システムも
◉五年後には家庭にもエコ発電が導入される
◉ＩＴエコタウンはスーパーを中心とした不夜城ビジネス
◉まず葛西本社で見本を見せる
◉天皇陛下のご視察を受けたＩＴエコタウン事業

〔第七章〕 資料編

循環型社会形成推進基本法

第一章

地球を救え！危機に瀕する「宇宙船地球号」

▼地球的規模でひろがる環境破局

今、地球的規模で直面している環境問題の厳しさを、真摯に受けとめなければならない。

その厳しさというのは、全地球の表面を、五〇年から一〇〇年のタイムスパンで、私たちが管理しなければならないということである。

私たちは、空気を吸い炭酸ガスを排出している。この炭酸ガスは、すぐに森林や海に吸収されるわけではない。排出された炭酸ガスは、五〇年から一〇〇年間、大気中を漂う。ここが亜硫酸ガスとは違う点である。亜硫酸ガスは水溶性で、すぐに酸性雨として降ってしまうので、被害は地域的にとどまる。

ところが炭酸ガスは、水に溶けにくいため、排出されるとそれが南半球までゆっくりと移動するのだ。五〇年、一〇〇年と大気中を漂い、時間をかけて吸収される。今排出された炭酸ガスは、地球の表面を一〇〇年のタイムスパンで温暖化の原因になってしまう。

したがって、地球の表面をそのような長いタイムスパンで見据えて、産業活動をしなければいけないということが、二一世紀の大前提にならざるを得ない。

二〇〇〇年、ドイツの環境省が発表した報告書「持続可能な発展」というレポートによれば、大きな変化が一日のうちに地球では起きている。熱帯雨林では五万五〇〇〇ヘクタールが消失し、農耕地では二万ヘクタールが減少している。生物種は一〇〇種類から二〇〇種類が絶滅しており、炭酸ガスは六〇〇〇万トンほど大気中に放出されている。そのもっとも大きな原因といわれているのが、一八〇〇以上の日本の廃棄物焼却炉である。

そのようななか、人間だけが爆発的に人口を増やし、地球規模では一分間に二四七人の新生児が誕生している。一日だけでも三五万六〇〇〇人も増えているのだ。一方、死ぬ人間は一四万二〇〇〇人。したがって、差引き二一万四〇〇〇人がきょう一日で増えているというわけである。一年間では、約八〇〇〇万人も増える。

これは、人類だけが爆発的に増殖して、大量の資源エネルギー、食糧を消費し、他の生物種を絶滅に追いやっているということの証拠なのだ。もはや人類が、地球の限界に直面しているという認識を、すでに多くの科学者が共有しているのである。

▼地球の炭素分布と循環

地球は約五〇億年前に、太陽の周りにあったガス状の物質が結集して誕生した。その後、長い年月をかけ、惑星が形づくられていき、しだいに原始的な大気が形成された。その原始的な大気は、水蒸気や二酸化炭素を主成分とするもので、それぞれ約一〇〇気圧あり、二酸化炭素は現在の大気よりも非常に高濃度のものであったという。地球の熱がだんだん冷めてくると、大気中の水蒸気が雨となって地表に降り注ぎ、やがて海ができた。

その結果、大気のほとんどが約一〇〇気圧の二酸化炭素となったのである。その後、この二酸化炭素は海水へ溶け込み、約三八億年前に誕生した海中生物や、オゾン層の形成により生息可能となった地上生物への取り込みによって、石灰岩、生物化石、化石燃料というものとなって、海底や地中に蓄積されていったのである。

そして、約二億年前に、大気中の二酸化炭素の濃度は、現在と近いものになり、かつてはすべて大気中にあった炭素は、海中の重炭酸イオン、地上の有機物や石灰岩、地中の化石燃料となって蓄積されることになっていくのである。

今現在、炭素は大気中に約七五〇〇億トン、海洋表面（海面から水深七五メートルまで）に一兆二〇〇億トン、陸上生態系や土壌・岩石中に二兆一九〇〇億トンが蓄積されていると推計されている。

さらに、海洋中・深層部に約三八兆トン、化石燃料として地中深くに何兆トンもの炭素が蓄積されているといわれる。このように炭素は、大気、海洋、陸上生態系等に蓄積され、そして循環しているのである。

▼地球を包んでいる温室効果ガス

地球の表面には窒素や酸素などの大気が取り巻いている。

地球に届いた太陽光は、地表での反射や輻射熱として、最終的に宇宙に放出されるのだが、大気が存在しているため、急激な気温の変化が緩和される。とりわけ、大気中の二酸化炭素は〇・〇三％とわずかであるが、地球の平均気温を摂氏一五度に保つという大きな役割を果たしている。

こうした気体のことを一般的に「温室効果ガス」と呼んでいる。

一九世紀以降産業の発展にともない人類は、石炭や石油などを大量に消費するようになった。大気中の二酸化炭素の量は、二〇〇年前と比べて三〇％ほども増加した。今後も人類が同じような活動を続ければ、二一世紀末には、二酸化炭素の濃度が、今の二倍近くになり、その結果として、地球の平均気温は今より二度も上昇すると予測されている。

温室効果ガスには、二酸化炭素のほかにメタンやフロンなどがあるが、とりわけフロンなどの人工の化学物質は、二酸化炭素よりも温室効果を促す性質が強く、微量でもその影響が懸念されている。

とにかく、地球の温暖化の原因は、二酸化炭素やフロンなどの温室効果ガスが原因であり、本質的には人為的な活動に起因していることは疑う余地がない。

▼気温が上昇すればどのような影響がでるのか？

たとえば、気温が二度上昇すると、私たちの生活にはどのような影響がでてくるのだろうか。

これまでの経験では、かつてない猛暑だといわれた年でさえ、平均気温は平年より約一度高かっただけであったという。このように、わずかな気温の上昇によっても、大きな影響が現れるのである。二〇二〇年には海面が約一メートル上昇するといわれている。

このまま地球の温暖化が進めば、日本では、これまで食べてきた美味しいお米がとれなくなり、病害虫の懸念も増大するだろう。もちろん漁獲量にも影響がでる。海水面があがることによって、二〇〇カイリの基準が変り、漁業海域が変ることはあきらかである。また暖水性の鯖や秋刀魚は増えるが、鮑やサザエ、紅鮭は減少すると考えられる。

日本南部では、マラリヤ感染の危険性が増し、北海道や東北ではゴキブリなどの害虫が見られるようになると考えられる。都市部では、ヒートアイランド現象に拍車がかかり、海岸地域では砂浜が減少し、高潮や津波による危険地帯が著しく増大するだろう。

さらに地球規模で見ると、海面が上昇して数多くの島々が海に沈む。特に、マーシャル諸島や低地の多いバングラディッシュなどでは大きな被害がでるだろう。

また、温暖化は異常気象を招き、地球上の各地で水の循環が影響を受ける。この結果、洪水が多発する地域がある一方、渇水や干ばつに見舞われる地域もでてくる。

こうした気候の変動は、世界的な農産物の収穫にも大きな影響を与え、国際相場が大きく変動するだろう。とりわけ、食糧の輸入依存度が高い日本にとっては、その影響の大きさははかりしれない。

▼地球温暖化への対策を早急に進めなければならない

特に短期間での急激な気温の上昇は、人間社会にも、経済活動にも大きな影響を与える。このような現象がひとたび起れば、大半は元に戻すことができない。そのうえ、急激な温暖化に対応するためには膨大な費用がかかることが予想される。そのため、現在の対策よりも対策を強化し、大気中の二酸化炭素の濃度を一定のレベルで安定させることが必要である。

しかし、この場合もできるだけ早い時期から対策を講じた方が、気温上昇の程度が少なくて済む。つまり、大気中の二酸化炭素濃度は、人為的に排出される二酸化炭素の積算量に比例するからだ。

たとえば、二酸化炭素の濃度を産業革命以前の二倍程度に安定させるためには、早い時期から対策を強化し、排出を抑制すれば、二一世紀後半からの排出量は緩やかにすることができる。だから、さらに科学技術が進んだ将来まで対策を先送りにすると、非常に大きな負担がかかるのだ。一刻も早く温室効果ガスの排出を抑制し、適応が可能な程度に温暖化の進行を抑えることが必要である。豊かな地球環境を良好な状態で次世代に継承していくことは、私たちの重要な使命なのだ。

二酸化炭素は、動植物の呼吸や有機物の分解を通じて大気中に放出される一方、光合成による植物への吸収、または海などに吸収されていると考えられている。しかし、海への吸収量はもちろん、実際の陸上生態系や植物による吸収量・排出量は、植物の種類、年齢によっても異なり、まだ科学的には詳しく解明されているわけではない。要するにこれを正確に試算することは現時点では不可能なのだ。

こうしたことから、環境NGOや途上国などは、森林による吸収分を削減目標にカウントすることには強く反対してきた。COP3（気候変動枠組条約第三回締約国会議）直前まで、日本政府も反対の立場をとっていたのである。

ところが、オーストラリア、カナダ、ニュージーランドなど森林を有する国々は、削減目標の計算に森林が吸収する炭素も考慮すべきだと強く主張し、京都議定書の削減目標の計算に森林が吸収する量もカウントすることになった。たとえば京都議定書では、「一九九〇年以降」の「直接的かつ人為的」な「植林・再植林・森林減少」に限って、算入できるようになったのである。

▼ライフスタイルの見直し

これまで私たちが築いてきた文明は、その多くを石油などの化石燃料の消費に依存しており、大量のエネルギー消費を前提としている。そこで、地球温暖化の対策を考えるときに、最も基本となるのは、こうしたエネルギー多消費型の社会形態や価値観について再検討するということである。

限られた環境のなかで、すべての地球市民が「豊かな生活」を得るためには、エネルギー多消費型の社会を前提としていた「豊かさ」の内容を問い直すことが必要である。より多く、より早く、より高くといった量の面での豊かさだけではなく、時間的なゆとりや心の安らぎなども含む、豊かさの質の面での充実を目指すのもひとつの考え方である。

二酸化炭素の発生は、地球市民の日常生活のあらゆる活動と関連しているため、これまでに達成した社会経済の発展を享受しながら、二酸化炭素の発生などの環境への負荷を削減するためには、日常生活のあらゆる場面でのきめ細かな対応が重要となる。

グローバルな環境問題の視点から日常生活を見る姿勢を持ち、具体的な行動は日常の身の回りの細かい対応の積み重ねから始めるということだ。地球市民が毎日の生活で、温暖化などの地球環境問題に対応するための原則として、「グローバルに考えてローカルに行動する」という考え方を徹底すること。常にグローバルな環境問題の視点から日常生活を見る姿勢を持つこと。これが重要である。

地球温暖化の問題が顕著に現れている今、二酸化炭素の排出についても、その環境負荷削減対策のためのコストを排出者が負担することが検討されなければならないだろう。

かつて、化石燃料の消費は、特に環境面のコストを意識することもなく行われていたが、酸性雨や硫黄酸化物などによる大気汚染を防止するための排出者責任があることが一般に受け入れられている。温暖化などの問題が顕在化してきた結果、二酸化炭素の排出についても、その環境負荷削減対策のためのコストを排出者が責任を持って負担することとし、環境税や炭素税の導入などが検討されているのである。

▼国際的な取り組み

化石燃料、石灰石の消費や森林破壊などは、人類社会の発展と密接不可分の関係にあるため、温室効果ガスの排出削減などの施策は、関係各国の政治的・経済的な合意を得ながら進めることが必要となる。

その施策は国境を越え、人類全体の利益を守るものでなくてはならない。

温室効果ガスの排出削減などの施策を検討し、資料の集積をはかり、地球温暖化の今後を予測するシナリオ作成などのために、つぎのような機関が活動している。気候変動に関する政府間パネル（IPCC）、世界気象機関（WMO）、国連環境計画（UNEP）、地球環境モニタリングシステム（GEMS）、地球資源情報データベース（GRID）などの機関である。

地球環境問題の対応は予防的に行う必要があるため、国際的に合意された基本原則がある。

その内容は「重大かつ不可逆的な影響があると認められる問題については、不確実性があることを理由として費用効果の高い対策の実施を延期してはならない」とするものである。気候変動枠組条約やリオ宣言で合意されたものだ。

地球温暖化の問題は、科学研究の対象としては長いあいだ検討されてきたが、政治経済なども含む国際社会の舞台に最初に登場したのは、一九八五年にオーストリアのフィラハで開催された国際会議においてであった。

発展途上国は、これから本格的に経済発展を進めようとしており、それにともなってエネルギー消費量が急増する恐れがある。このため、現段階で自国の二酸化炭素の排出量を抑制・削減することについて否定的な傾向がある。

現状では、途上国では対策を行うための資金や技術が不足していると主張している。このため、先進国の援助や技術移転が求められている。

途上国のなかには高い経済成長をしている国や人口の急増している国もあり、二酸化炭素の発生量の急増が懸念されている。そこで、地球全体の化石燃料の消費について、先進国では現在の消費シェアから削減することが必要であると考えられており、途上国では今後化石燃料の消費が増大することが予測されるため、その公平な解決策が検討されている。

地球環境問題を解決する責任について、先進国と途上国のあいだで合意された考えは、温暖化のような現象については、人類的な課題であるという見方とともに、原因物質の大部分は先進国が排出していたため、先進国が主要な責任を負うべきとの議論を踏まえ、地球環境問題を解決するための責任は、先進国と途上国が共通に負うが、両者に責任の差を認め、先進国が率先して対策をとるように、対策の程度に差を設けることとなった。

たとえば、代替エネルギーの選択肢のひとつとして原子力の利用がある。しかし、先進国のあいだでも原発推進国と原発抑制国とのあいだで、その活用の積極性に差がある。原発推進国では安全性の確保を前提として二酸化炭素の抑制は施策推進を助けるものと受け取られているが、抑制国では環境への影響などから原子力の積極的な利用には慎重である。

温室効果ガスのひとつであるフロンは、社会のなかで大量に幅広く使われていたため、フロンの製造や使用を一切禁止する「モントリオール議定書」は、一国の主要な化学産業などに甚大な影響を及ぼし、ひいては社会経済の仕組みや国の産業の国際競争力にも大きな調整の必要をもたらす恐れがある。

そこで、こうした社会経済への影響の大きい国家間の合意形成には、様々な政治経済的交渉をともなうこととなる。

汚染物質排出者に一定量の排出権を割り当て、その取引を許す制度、汚染対策を導入し、割り当て量以下の排出量で活動が可能な国あるいは企業、自治体などは余った分を市場で売却して利益を得られるため、汚染対策のインセンティブになる。国際的に二酸化炭素の排出抑制に適用し、国際的な排出権売買市場をつくり、国際的な資金移転メカニズムをつくるという構想もあるが、最初の排出権の割り当て、市場の構成などが課題である。

ともあれ、温室効果ガスの排出は、大半が産業活動に起因している。

ことに二酸化炭素の排出については、エネルギー需要に左右される面が大きく、このため産業界における徹底した省エネやエネルギー転換などが進められねばならない。これからも、より積極的な対策が要請される。

もちろん政府も、こうした活動を支援し、さらに自然エネルギーの利用などを促進するために、経済的なインセンティブの導入などを積極的に推進しようとしている。

一方、日本経済を根底で支えているのは私たち国民一人ひとりである。温暖化の防止には、私たちのライフスタイルを変革することが不可欠となる。

たとえば、できるだけ不要なものを買わず、大事にものを使い、再利用やリサイクルを心がけることは重要なことである。また、節電や外出時の車利用を自転車や公共機関に切り替えたりする努力も必要だ。

とにかく、日々の暮らしのなかで、できるかぎりの資源・エネルギーの無駄使いを排除して、再利用やリサイクルを推進していくことが、循環型社会を構築し地球温暖化を防止する基礎になるのである。

▼企業と経営者の感覚が変われば……

環境問題は、企業が変わることでしか解決できないということが強調されてきた。企業が変わるというのは、私たち一人ひとりの生き方が変わるということである。

企業によって提供される製品やサービスを、地球環境の臨界容量の枠内に抑え込むことは、私たち一人ひとりが地球環境の臨界容量の枠内で生きることである。つまり、物質的な豊かさの追求をいましめ、清貧を理想として生きることなのだ。

日本の伝統的な生き方、物質的な豊かさを自制する生き方が、清貧のひとつのモデルである。とはいえ、清貧と貧乏とは違う。人類にとって、文化にとって、ときには贅沢も必要である。ただし、毎日の贅沢はよくない。この二、三〇年、私たちは毎日、盆と正月が一度に来たような生活をしてきた。しかし、こんな生き方が持続できるはずがない。

ともあれ、清貧な暮らしを理想とするといっても、江戸時代や縄文時代の生活に戻ろうというわけではない、また戻れるはずもない。しかし、今の科学技術をもってすれば、レベルの高い、豊かな生活ができるはずである。

おそらく二一世紀の最初の一〇年は、身の回りにあるおびただしいゴミのような二〇世紀の「環境不良債権」の後始末に追われることになるだろう。エコデザインの思想が行き渡り、技術革新によって資源エネルギー効率を向上させていけば、エコロジーとエコノミーとエクイティとの三拍子が揃った二一世紀の新しい経済、新しい技術、新しい文化、新しいライフスタイル、そして新しい豊かさを創造できるはずなのだ。

▼これからの環境と企業戦略

もはや大量生産、大量消費、大量廃棄をこれ以上続けることはできない。物理的にもできなくなりつつある。

ようやくリサイクルの必要性が認知されてきたが、実態は鉄鋼などは日本でも、生産量が再生量を上回っている。途上国では、この傾向がいっそう顕著だ。すなわち動脈が静脈を圧倒しているわけである。

今の産業経済は、安い化石燃料を使った大量生産と大量廃棄を成長のエンジンにしている。二一世紀の成長エンジンは、エコデザインに変わる。それは４Ｒ（リペアー、リユーズ、リマニュファクチュアリング、リサイクリング）と、製品のサービス化、自然エネルギーの利用を意味している。

これをどう進めて行くか。資源・エネルギーの絶対消費量でいえば、一九九〇年のそれを一とすれば、先進国は技術開発を急速に進めて、ただちに四分の一にまで減らすべきだといわれる。また、二〇五〇年までには、最低でも一〇分の一、二〇分の一を実現する技術進歩が必要だとされている。

では、日本のマーケットと産業をいかにグリーン化すべきなのだろうか。

まずは政府が環境規制を強化し、エコロジカルな税・財政改革を実行していくこと。それによって、市場の枠組みを整え、そのうえで環境効率の高い製品を開発する事業体や企業を、消費者や自治体、企業、ＮＧＯなどが積極的に支援していくようにすること。こういう戦略が考えられる。

たとえば、生産者側としての企業は、経営を環境効率経営に変え、ＩＳＯ１４００１を取得し、環境会計を導入して情報開示する。消費者、自治体、ＮＧＯ、購入者としての企業は、環境情報を見て製品を差別化し、環境効率の高い製品・サービス、すなわちエコプロダクツを優先的に調達し、グリーン購入していく。または企業の環境格付けを行い、グリーン投資（エコファンド）を行っていく。このように、企業の積極的な環境対応に対して、製品資本市場が素早く応答し、応援していく構造を形成していくべきなのである。

現状では、規制は強化される方向にある。税制改革はこれから議論されるだろう。グリーン購入ネットワークは、今二〇〇〇団体を超えて拡大しているし、グリーン投資については、すでに一七〇〇億円を超えるお金が集まっている。エコファンドに集まるお金は、二〇〇〇年には一兆円を超え、将来的には四、五年のうちに百兆円に達するのではないか。

ところで、環境効率の高い製品やサービス、すなわちエコプロダクツとは、

①製品の改善
②製品の再設計
③製品のコンセプトの革新
④社会システムの革新

以上、四つのステップを踏みながら発展し、一般化されなければならない。

日本の企業は、製品の改善についてはかなりの実力を持っており、再資源化が容易な製品が数多く世にでている。またハイブリッドカーやゼロエネルギー住宅など、再設計の段階に入ったものもすでにでてきている。これらは、一九九〇年の技術水準に比べると、五倍の環境効率、資源生産性の向上を達成しているといわれる。さらに革新的なものには、エコファンド、ゼロエミッションのビール工場、パッケージレスの音楽配信サービスなどがある。

ともあれ、二一世紀という時代は、間違いなく環境効率が現在の一〇倍から二〇倍の製品・サービスが主戦場になってくる。この分野で利潤を上げていくことのできる企業こそが、世界的な競争力を持つことは疑う余地はない。

▼認識を共有すること

地球環境問題は、日々の暮らしにはあまり関係ないと考えている人がまだ多い。危機意識を共有すること、地球環境の現状についての認識を共有することのためには、テレビやラジオなどで、天気予報などと同じように、地球環境情報を放送したほうがいいのかもしれない。

たとえば、アフリカのあるところでは水不足が起きているとか、オーストラリアのどこでは熱波に襲われているとか、中国のここでは地下水の水位がどんどん下がっている、というような情報を、毎日メディアを通じて知らせるのだ。日本では、唯一、複合汚染の産物ともいわれるスギ花粉の予報が国民の不可欠情報になってきており、風邪の季節でもない時期にマスクをした人が増えてきたのは無気味な感じがする。

いままさに地球全体で何が起きているのかという情報がリアルにわかれば、事態の深刻さをみなが深く認識し、再考するはずである。そうしなければ、このまま「環境不良債権」がますます増大してしまう。

第二章

循環型社会を目指して

▼大量生産、大量消費、大量廃棄の見直しを

第一章で見たように、地球環境問題は深刻の度合いを増している。このままいけば、二〇六五年に「宇宙船地球号」は崩壊してしまうという予測さえ出ているほどだ。

現在の経済社会システムは資源とエネルギーをほとんど無制限に利用でき、環境負荷を低コストで処理することが可能であるという条件のもとで発展してきた。

しかし今日、資源の有限性が指摘され、環境問題も様々な形態で地球規模の広がりをみせ、また最終処分場の逼迫など、わが国をはじめ先進諸国において従来の社会システムを続けていく条件が崩壊し始めている。

そこで必要なのは、物質的な豊かさの追求、つまり大量生産、大量消費、大量廃棄といった、これまでの経済社会システムの再考である。

そのためには、限りある資源を効率的に利用し、廃棄物の発生を極力抑えるとともに、廃棄物については、環境に負荷を与えることのないように再利用または再資源化する〝資源循環型社会〟を目指す必要がある。

▼京都議定書

第一章でふれたようにアジア地域の経済発展、世界的な人口増加によって、化石燃料や希有金属などの枯渇性天然資源に対する需要は高まる一方である。また、地球温暖化の防止への取組みが地球規模で始まっているが、最近ではダイオキシンあるいは環境ホルモンなど、人類の生存を脅かす新たな問題も浮上してきている。社会全体でこうした問題にどのように対処するかが求められている。

こうしたなかで、二〇〇二年三月一九日、政府の地球温暖化対策推進本部（本部長・小泉純一郎首相）は二酸化炭素（ＣＯ２）などの温暖化ガスの排出量を減らすための対策を定めた新しい地球温暖化対策推進大綱を決定した。推進大綱の改定は四年ぶり。新大綱は政府が京都議定書の締結承認案とともに国会に提出する地球温暖化対策推進改正案に「目標達成計画」として盛り込まれる。

京都議定書とは、地球温暖化防止条約に基づき、先進各国の二〇一〇年頃の温暖化ガスの削減目標を一九九〇年比で、日本六％、欧州八％と規定、排出権取引の仕組みなども定めている。九七年の地球温暖化防止京都会議で採択、二〇〇一年のマラケシュ会議で最終合意、二〇〇二年八～九月にヨハネスブルクで開く環境開発サミットでの発効を目指して各国が批准手続きに入っている。

この京都議定書については、米国が離脱したものの、日欧などの批准を経て二〇〇一年秋にも発効する見通しだ。

新大綱は議定書の目標年次にあたる二〇一〇年の温暖化ガス排出が九〇年比約七％増加すると予測。議定書の定める九〇年比六％の削減義務を達成するには約一三％の削減が必要と指摘した。エキシーは、九七年にパネル提案を行った。

▼日本の環境基本計画

これに先立って、二〇〇〇年一二月には、日本の新たな環境基本計画が閣議決定されている。

これは、五年ごとに計画を見直すという規定に沿って、一九九四年一二月に策定されたこれまでの環境基本計画の見直しが行われたものである。この基本法は「環境の世紀の道しるべ」という副題がついているように、二一世紀を環境の世紀と位置づけ、これからの持続可能な社会を目指しており、計画期間中に前進を図る必要性の高い十一のテーマについて、戦略的プログラムを示している。
つまり、政策課題に関するものとして「地球温暖化対策」「物質循環の確保」「環境負荷の少ない交通」「健全な水循環の確保」「化学物質対策」「生物多様性の保全」の六テーマ、また政策手段に関するものとして「環境教育・環境学習」「社会経済の環境配慮」「環境投資」の三テーマ、領域を横断する取り組みの必要性という観点から「地域づくり」「国際的寄与・参加」の二テーマである。

これとともに、二〇〇〇年六月に循環型社会形成推進基本法が公布・施行された。これは、大量生産・大量費・大量廃棄型の経済社会から脱却して、生産から流通、消費、廃棄までのモノの効率的な利用やリサイクルを進めることによって、資源の無駄な消費が抑制され、環境への負荷が少ない「循環型社会」の構築が急務になっていることを背景にしている。

このため、二〇〇〇年の第一四七国会で環境基本法の理念のもとに循環型社会の形成を推進する基本的な枠組みとして、「循環型社会形成推進基本法」（第七章の資料編を参照）が制定され、「廃棄物処理法（改正）」「資源有効利用促進法（旧再生資源利用促進法）」「食品リサイクル法」「建設リサイクル法」「グリーン購入法」が制定され、

回収され、大量に積みあげられたペットボトル［写真提供・共同通信社］

すでにある「容器包装リサイクル法」「家電リサイクル法」を含めた七つの個別法で、循環型社会の形成に向けた取り組みを実効あるものとする法体系が整備された。

▼食品リサイクルへの対応

ちなみに、食品廃棄物リサイクル法は、食品関連産業から排出される生ゴミや残飯など食品廃棄物のリサイクルを義務づける法律である。食品メーカーやスーパー、百貨店、外食産業、ホテルなどの大企業二〇〇〇〜三〇〇〇社が適用対象となり、各企業は生ゴミや残飯、売れ残り、食品廃棄物について、自社で行うか、業者に委託して収集し、肥料や飼料に加工し直すことなどが義務づけられる。

また、その経費については企業がすべて負担することとされ、現段階では、リサイクル率の達成基準を食品メーカーで五〇％以上、それ以外のスーパーや外食産業では一〇〜二〇％程度とされている。

この基準に満たない企業には勧告が行われ、その勧告に従わない場合は企業名が公表されることになっており、罰金も科せられる。逆に、基準を上回る企業には、既存の補助制度などを適用して、リサイクル施設の整備などを進めてもらう。

こうした厳しい対応を盛り込んだのは、食品廃棄物を焼却する際に発生するダイオキシンを防止することもあるが、それとともに食品廃棄物を堆肥、飼料などに再資源化することに狙いがある。

では、食品廃棄物はどのくらいあるのだろうか。厚生省が一九九六年に行った推計によると、年間の食品廃棄物量は一九〇〇万トンにのぼっているという。

このうち、食品メーカーが出す食品廃棄物は三〇〇万トンで、リサイクル率は四八%と比較的高い方である。一方のスーパーや百貨店、外食産業、ホテルなどから出る生ゴミは六〇〇万トンにもなるが、リサイクル率は一%にも満たず、ほとんどのゴミは一〇〇%近く焼却されているのが現状であるといわれる。

▼自治体が頭を痛める廃棄物処理

ところで、この循環型社会形成推進基本法では、「循環型社会」について「廃棄物等の発生抑制」「循環資源の循環的な利用」および「適正な処分」を確保し、天然資源の消費を抑制し、環境への負荷ができる限り低減される社会と規定している。また、廃棄物については、有価・無価を問わず「廃棄物等」として、有用なモノを「循環資源」として循環的な利用を図ることとしている。また、廃棄物の処理方法については、発生抑制、再使用、再生利用、熱回収、適正処分という優先順位をつけている。

さらに、循環型社会の形成について、国、地方公共団体、事業者、国民すべての取り組みが重要として、それぞれの責務が明らかにされている。

この廃棄物処理の問題点については、第三章で具体的に詳述するが、その前に現状にふれておこう。

バブル経済は、大量生産、大量消費というサイクルを生み出した。そのバブル経済の崩壊を契機として、廃棄物の発生量はやや減少傾向を示しているといわれる。しかし、廃棄物問題が解消の方向に向かっているかというと逆で、実際にはますます深刻化しており、自治体行政において最も重要な政策課題のひとつとなっているというのが現状である。

モノの流れは、生産→流通→消費→廃棄という過程をたどる。これを川にたとえると、これまでの廃棄物行政は川下だけで完結するように行われてきたといっていい。つまり、処理施設をつくることで処理を進めるということに、廃棄物対策の重点が置かれてきたのである。

従来型のゴミ焼却場［写真提供・共同通信社］

▼全面焼却の限界

事実、一九六三年には「全面焼却」という方針を打ち出され、自治体は国庫補助を受けて焼却施設の整備を進めてきた。現在、日本では一八〇〇を超える廃棄物の焼却施設が稼働しているといわれるが、これは、じつに全世界の焼却施設の七割を占めるという。日本では世界でも圧倒的に焼却施設が多いのだ。このように焼却施設が日本で突出している背景としては、国土が狭く、人口稠密な日本では、衛生処理と埋立処分場の節約という観点から、こうした焼却処理が優先されたということがある。

しかし、すでにふれたように、ダイオキシン問題などが浮上、焼却の際にダイオキシンが発生しないような処理施設の改良などが必要となり、これにかかるコストアップなども行政にとって頭の痛い問題となっている。特に海に面しない県が多い。

また、リサイクルへの取り組みも、現状では自治体の分別収集が中心になっており、川下でのリサイクル、すなわち自治体の努力に対して、かえって川上では大量生産・大量消費が拡大しており、自治体の負担は限界に達しているといってよい。

生活環境を保全するために、廃棄物を適正に処理することは都市自治体の重要な仕事であるが、環境リスクの増大や財政負担の点からだけでも、もはやこれ以上の対応は困難な状況になりつつあり、廃棄物を川下で完結して処理するという考え方は、限界に達している。

▼広域処理の必要性

また、これまでは、当該区域内で発生する産業廃棄物を除く廃棄物については、自治体が処理する責務を負い、できるだけ自区域内つまり当該地域のなかで処理すべきものという考え方がとられてきた。

しかし、実際には、すべての廃棄物を都市自治体の行政区域内で処理することは困難である。焼却によるダイオキシンの発生を最小にするために、厚生労働省は焼却処理施設の大規模化と広域化を打ち出してきていたが、処理施設の整備に関連した財政負担を軽減させる必要があること。また、埋立処分場の確保が困難になってきていることなどから、共同処理、広域処理が必要となっている。

ところが、実際には、他の地域からゴミが持ち込まれることに対して、住民の合意がなかなか得られないというのが現状である。

ところで、同じ廃棄物でも家庭から出る「一般廃棄物」と事業所から出される「産業廃棄物」に区別されているというところも廃棄物処理問題を複雑にしているポイントだ。

「このような定義を行うと、素材市場の変動次第で廃棄物が廃棄物になったりならなかったりするという矛盾が生まれます。また、同じ廃棄物であるにもかかわらず分類が異なるために違った回収方法や処理方法を行わなければならないという非効率なことがおこっているのです。

排出者が誰であるかではなく、資源化の価値、有害物質の含有量などに基づいた廃棄物の定義・分類を行い、それに則した回収・処理体制を整えることが必要です」と東京食品リサイクル事業協同組合の鈴木勇吉理事長は指摘する。

こうした廃棄物の定義・分類の見直しとともに重要なポイントとなるのが処理施設の統合である。これまでは「自区域内処理」原則のもとで、一市町村一焼却施設体制が進められてきた。そのために、日本の焼却炉数が世界でも突出した多さになっていることはすでにふれたとおりである。これからの廃棄物の効率的で安全なリサイクル処理のために考えなければならないことは、処理施設の統合や、回収されたものを自治体間で移動させる「広域リサイクル体制」整備を進めることである。

また、実際の処理やリサイクルに関しては、民間の力を活用し、リサイクルや廃棄物ビジネスへの進出によって、いわゆる〝静脈産業〟を育てていくことも重要な課題である。

▼循環型社会が新たな産業と雇用を創出する

さらに資源循環型社会の実現にあたって重要なポイントとなるのは、国民一人ひとりの意識改革と、ライフスタイルの変革である。

ライフスタイル変革のためには、モノの流れとともに、廃棄物が処理されるリサイクル施設の重要性などについて認識を深めることが不可欠である。

また、日々の生活のなかで使用・利用する製品やサービスが、製造から使用、廃棄に至るライフサイクルでどれだけ環境に負荷を与えているかを常に意識し、利用にあたっては消費者などが環境負荷の小さいものを選択することが求められる。

最近では、自治体などで、資材調達を行うにあたって意識的に環境配慮型製品の購入を行う「グリーン調達」が進められるようになってきている。消費者サイドでもグリーン購入を進めて、環境配慮型企業・製品を支援していくということも必要だろう。

さらに、「環境」と「ビジネス」を融合させるための諸政策によって、健全な静脈産業市場が創出され、新しい産業が生まれ、雇用の増大も期待できる。

実際、二一世紀は環境関連分野が市場として大きく成長すると予測されている。新しい市場が生まれることによって、中堅・中小企業が持っている優れた技術や独創性に富むアイディアを活かすチャンスも生まれてくる。循環型社会の構築のためには、こうしたリサイクル産業の育成や技術開発を目的として、ベンチャーや中堅・中小企業の参入を促し、成長を支援するために、税制などのインセンティブを与える政策も必要だろう。

▼消費者の自覚と応分負担

いうまでもなく廃棄物が原因となって起こる環境汚染の責任は排出者にある。また、便益者負担の原則からすると、国民が生活・消費活動を行うことによって排出される家庭系のゴミについて、その回収と適正処理のコストを負担するということは、国民としての役割であり責務でもある。

その場合も税金という形ではなく、直接目に見える形でコストを負担することによって、廃棄物問題に対する国民の意識が向上し、結果として家庭系ゴミの減量化につながるということも期待される。

その意味で、同時に循環型社会の構築のためには、環境負荷低減を常に意識して行動する消費者を増やすための環境学習も不可欠となる。

子供から老人まで生涯を通じて様々な形で環境学習を提供できるようにするべきだし、学習内容についても単なる知識で終わることなく実際の行動に結びつくようなものにすることが重要である。

エキシーでは、本社施設を公開することによって、自治体関係者ばかりでなく、学校における環境教育の一環としての利用も進める方針だが、こうした環境関連企業の積極的な協力も今後、さらに必要となってくるだろう。いずれにしても、地球上からゴミ問題をなくす基本は、すべからく、川上で行うことが原則である、とエキシーの藤原社長は指摘する。

第三章

食品リサイクルの問題点

① 食品リサイクルの現状

▼日本の廃棄物処理は五〇点

循環型社会構築に向けて政府も力を入れているようだが、日本における廃棄物処理への取り組みの現状は必ずしも十分とはいえないようだ。

「ズバリいって五〇点ではないですか」と手厳しい評価を下すのは、東京食品リサイクル事業協同組合の鈴木勇吉理事長である。鈴木氏は、一九七二年以来、産業廃棄物の適正処理問題と取り組んできたエキスパートである。一九八五年に業界有志と、社団法人全国産業廃棄物連合会をつくり、その後連合会の会長として、一〇年かけて中央省庁や地方自治体の行政担当者の協力を得て、四七都道府県全部に協会をつくり、公益法人として発足させてきた。

そして、九九年六月に連合会会長を辞任して、環境政策研究所を設立し、今度は地球環境を良くするエコロジーという観点から食品リサイクルエコ発電という食品廃棄物を廃棄物としてではなくエネルギー資源として再利用する、新しいエネルギー改革に取り組むために、業界関係者と東京食品リサイクル事業協同組合を立ち上げた。その鈴木氏が、廃棄物処理の現状は五〇点だというのである。

「わが国の廃棄物処理実態は、処理現場の正しい把握がなされているとは到底いえません。不法投棄や不適正処理の実態量さえつかめていません。私はまず、この現実を明らかにするための情報が不足していることから、処理現場やリサイクル現場の情報の正しい公表を進めたいと考えています。私たちは、ともすれば目の前の問題に振り廻されて、基本的に解決しなければならない事象を見失い勝ちです。真の循環型社会を実現するには、まず事実を正しく情報化することが必要です」という。

▼処理の実態も把握されていない

問題の所在はどこにあるのか。鈴木氏によれば「まず、適正処理が確保されていない。不法投棄が非常に多い。リサイクル化もそんなに進んでいません。その原因は、それだけの費用をかけていないということに尽きる。世界でもトップレベルの制度が敷いてあるにもかかわらず、経済的な裏付けができてない。それと、まったく日本的な話で、ゴミは汚いもの、ゴミを捨てたら私には関係ない。だからゴミを扱う業界は差別化されている。自分たちが生み出していることを忘れてますから、また廃棄物を処理する業界も、廃棄物を出す生産側も、悪いことをやって助長してきた」というのが現実だ。

不法投棄のじつに五〇％以上が、排出者自身によるものだという。いちばん多く不法投棄しているのは処理業者ではなく排出者自身であるという点にも驚かされる。

産業廃棄物の量は、年間四億トンにものぼる。一般廃棄物、つまりわれわれが出す生活ゴミが約五〇〇〇万トンといわれるのだが、いずれにしてもたいへんな量だ。

その廃棄物のうち、どの程度がきちんと処理されているのか。その実態は、鈴木氏がいうように、わかっていないといっていい。

ある報告書では四億トンのうち約九〇〇〇万トンが最終処分されているということになっている。残りは、減量化をしたり、焼却したり、再資源化したりという話にはなっているが、不法投棄がどのくらいの量を占めているかというのは、数字がつかめていないのである。よく新聞などで発表されるケースは、事件になったものだけだから、氷山の一角といっていい。日本は法整備としては世界でもトップレベルといわれるが、実態はとても先進国とはいえない。

結局、制度が厳しく、処理施設などイニシャルコストをはじめ処理費用が非常にかかる。そうすると、それに見合った処理コストが必要になるのだが、実際にはその処理コストが確保されていないのである。そのためにきちんとした施設で、適正に処理しようとしているところに、荷が集まらないという現象が起きたのである。

▼基盤もないのに制度ばかりが厳しくなっているところに問題がある

「そういうコストをすでに見込んだうえで、製品などが動いてないといけないのです。それができていない。制度と、全体のシステムとは違いますから。しかも、私はいつでもいうのだけれども、経済の裏付けなしに、いくら法律を厳しくしたって、それは守ることができないのです。捕まるのがわかっていても、食っていかなきゃならんヤツは悪いことをする。だから、そういうシステムをきちんとしなければならないのですが、それができていないのです。

もうひとついえるのは、基盤ができていないのに、制度が厳しくなっているということです。基盤ができてないというのは、それだけの処分場ができていないということです。中間処理も処理施設が不足している。たしかに廃棄物は出ているんだけれども、そういう基盤ができていないのにいくら制度を厳しくしても現実はよくなりません。制度を厳しくするならば、基盤をきちっとつくって、確保しておいて、厳しくしないと、バランスがとれない。要するに、駐車禁止を厳しく取り締まるのであれば、きちんと駐車場をつくってからやらなければならないのと一緒です」と鈴木氏。

ちなみに、当研究会として「パーキング不況論」を分析したことがあり、正確な日までは確定できないが、平成元年頃から全国的に突然駐車禁止の取り締まりが厳しくなったことである。筆者はこのときなぜか、「日本は、想像もできないような不況のドン底に入り、ブラックホールに吸い込まれるような状態で経済不況から立ち上がれない国になる」と予感がした。要するに「駐車禁止を厳しくすると不況になる」とでもいえばよいのか。のちにこの問題を研究会で真剣に分析した。その結果として……

①駐車禁止の取締りを強化すると簡易駐車場が増える。
②地主（素人）が税金対策に簡単に駐車場営業を始める。
③一〇〇円パーキングの登場。小さな土地の有効活用。いつでもやめられる。
④日銭が入るので土地が動かなくなる。開発が進まなくなってきた。
⑤新規事業や建設産業が停滞する。地価が下げ止まる。
⑥景気が悪くなる。

ということで、自分が利用するには便利だが、一〇〇円パーキングと一〇〇円ショップが今日の日本経済をデフレから立ち上がれない原因と当研究会は結論付けている。若干廃棄物処理行政からは話題がそれたが、何でもバランスが大事ということである。

廃棄物をどこかへ持っていけといっても、持っていくところがない。だからフィリピンまで持っていって悪いことをするというケースも出てくるのだ。

産業廃棄物は排出事業者の責任だから、民間の責任である。一方、一般廃棄物は市町村の責任ということになっている。ただ、最近は一般廃棄物にも問題があって、家電についてもリサイクル法をつくって、金を出さなければ引き取らないということになっているものだから、一般廃棄物の放擲も増えてきている。

▼汚染原因者は誰か

ではどうすればいいのか。

結局、きれいごとをいわずに汚染原因者が誰かをしっかり見据えることが大事だ。その意味では、消費者も他人事ではない。じつは消費者は、二重に廃棄物を出しているのである。というのも、消費者が働きに行っている会社で産業廃棄物を出している。そこで給与を得て、家庭でまた一般廃棄物を出しているというわけだ。その消費者が「自分の近くには、処理場をつくるな、よそへもっていけ!」とわめく。

汚染原因者は費用を負担しなければならない、という原則がある。その汚染原因者は誰かというと、モノをつくって、その生産の過程から出る産業廃棄物については、モノをつくっている企業が責任を持つ。その企業が適正処理コストを負担して、処理する。

一方、消費者が出すゴミについては、サービスとしてただでやっているところが多い。ゴミをただで処理をするということは、そうでなくてもモノを無駄にすることだから、冷蔵庫で二日、三日たったら平気で捨ててしまうということを、むしろ助長しているといえる。

ゴミは少なく出す者と、多く出す者がいる。本来なら多く出す者からは、それ相当の処理費用を取る。それをしないから限りなく、自治体の負担が多くなって、福祉に回す金がなくなってきているといえるのである。

廃棄物は、汚染原因者がいるのから、その汚染原因者が負担をすべきである。その点、消費者が、自分がゴミを出しながらコストを負担させられることには反対するのはどうしたことだろうか。自分でコストを負担してはじめて、あの施設は少しおかしいぞというなら、わかる。そうではなくて、どんどんゴミは出しておいて、文句だけはいう。それは、身勝手というものだろう。環境問題の解決にはそういう社会構造をきちっと直していくことが不可欠である。

「根本的な問題はなにか。これは二〇年来の持論ですが、厚生省の委員会に出ていて主張してきたのは、廃棄物の処理を、処理の場所だけの問題にしてしまって、そこに責任をかぶせているところにあります。

それはどういうことかというと、公害対策なんです。公害対策というのは、人間の事業活動で、人間に負荷を与えるという思想ですから、非常に狭い。だから『イタイタイ病』が起きれば、水の対策だけをやり、四日市ぜんそくでもそうです。ところが、足元を見たらゴミが詰まっている。水をきれいにして出そうとすると、ゴミは手前に残さざるを得なくなる。そこで今度はあわてて廃棄物処理法をつくる。これでは無〝公害〟対策です。ゴミがあったら、行き着く先は土壌汚染です。土壌汚染防止法が、今問題になっていますが、いちばん最後になっている。じつは土壌が基本なのだということ。これがひとつの大きな問題です。

それから、地球の資源をわれわれは無駄にしないということです。生産とは地球資源をつかみ出して、生産して、流通して、消費する過程です。これを全部グローバルにまとめたところで、はじめて廃棄物の対策をきちっと立てることが大事なのであって、廃棄物がどんどん出てきて、静脈産業の重要性などといいながら、部分的な対応をするだけで、公害が起きるなどと騒いでいる。そのような視点では問題は解決しないのです。

廃棄物の流れを上流から下流、動脈も静脈も一緒にして、トータルでどういう制度をつくるか、という議論を抜きにして制度の改正をくり返しても本物にはならないのです」と、鈴木氏は指摘する。

▼処理コストを含んだ経済システム

廃棄物問題をグローバルな問題として考えないのはなぜか。

そこには産業界の反対もある。排出者の責任を厳しくするのは反対であるとか、生産者の責任拡大などとんでもないという声は少なくない。ドイツには経済循環法ともいうべき法律があるが、そういうものを日本にもってこようとしても、出す方からは、なぜわれわれがそんなに責任をもたなければならないのか、という声があがる。

廃棄物処理問題が議論されはじめた頃はもっとひどかった。「われわれは税金を払っているのだから、全部自治体で処理をすべきだ」という声まであがったという。

大量生産、大量消費時代という言葉がある。企業はさまざまな資源を使って生産するのでが、利益を上げるために、当然ながらコストを最小にしようとする。なかには、いろんなものを集めながら少しの生産物しか出さず、あとは全部捨てて省みないということもあった。これでは、消費者と同じである。こうしたことがなぜできたのかというと、それはコストかからなかったからだ。そしてコストをカットしてきたからこそ環境汚染がこんなに進んだともいえるのである。

鈴木氏も指摘するようにリサイクルを進めようとすれば、下流から上流へ向けてものを考えなければ進まない。たとえば、しっかりとした処分場をつくるのもいいが、その手前で、コストのかからない技術を開発してリサイクルを進めるとか、さらに生産の段階でできるだけむだなゴミを出さずに製品をつくる技術を開発することが必要である。「今度つくった組合は、そういうことまでやります」と鈴木氏。

これをいい加減にしてるから、コストをかけたいい処分場ができても、結局は不法投棄がなくならない。処分場に運ぶと倍以上のコストを取られるから、半分以下で流そうとするのだ。これでは、リサイクルをやれといっても、やるわけがない。あるいは生産の段階で、減量化すべきだといってもやるわけがないのである。企業にとってコストは非常に重要な要素であり、企業の生命ともいえるのだから。

その企業に破棄物処理について自ら努力をさせるためには、まず不法投棄をやめさせて、しっかりとした処分場に、高いコストできちっと処理させるというシステムにしなければならない。

▼一貫性を欠く発想が問題

このように川下から考えていくと、社会的に存在することが認められない企業が出てくるかもしれないが、それはやむを得ないだろう。

「ところが今日本は逆で、有機包装というのがあるでしょう。あれは最初はペットボトルから始まった。ペットボトルというのは、ある一定の大きさのものがペットボトルだった、今から五年くらい前に法律をつくった当時は。

ところがその後、有機包装という法律をつくったとたんに便利だからといって、小さいペットボトルがたくさん生産されるようになった。そうすると、小さいペットボトルまでキャップ洗ったり、中を洗ったりして、再資源化するとなると、人間の手を経なければいけないものだから、みんな燃やすことになっているんです。これはダイオキシン発生の原因になっている。そういう生産のほうはちっとも押さえないで、こっちだけ押さえている。何のために環境対策をやるのか。

発想が違う。リサイクルには、いろんなリサイクルの仕方があります。再生する場合もあるし、資源化するのも、いろいろあるけど、燃やすもの以外は、元の資源に何とか戻そうということです。

元の資源に戻すということであれば、一方で、輸入をその分だけ減らさなきゃ意味がない。再資源させながら輸入を相変わらず野放しでやってる。それでは、この国土に負荷を与えるだけです。累積されていくんだから。それじゃおかしい。だから一貫性をまったく欠いてるわけです」と、鈴木氏。

もっと一貫性を欠いてる話をすれば、廃棄物に一般廃棄物と産業廃棄物があることだ。これは本当は全部一緒でなければならない。廃棄物であることにかわりはないのだから。現に廃棄物処理法で、処分も焼却施設も全部基準は一緒である。これをなぜ分けなければならないのか。市町村は三三〇〇ある。人口一〇〇〇人に満たない村が、責任をもって住民の出したものを処理しろといっても実際には経済的に難しい。そういう市町村が一〇も一五も集まってつくるのはいいが、そのために非常に無駄な金を使って、施設をつくって、それでダイオキシンが出ているといって騒いでいるのが現状である。鈴木氏はさらにこういう。

「この仕事をやってきて、焼却施設についても、同じものを民間がつくれば半分以下の施設で済むんです。市町村がやると、余計な経費がものすごくかかる。必ず大手コンサルが入って、商社が入ってくる。仕上がりは、見た目がものすごく派手なきれいなものをつくってしまう。余計な部品をつけて。住民の目を気にして、というんだけれども、そんな必要はまったくない。それができるのは補助金を出すからです。しかもそれは全部商社が取り仕切る。商社同士で争って取り仕切るわけで、その商社が一括で注文する。そういうシステムになっているわけです。いくら制度を厳しくしたって社会経済含めた構造がこうなっていては、この国は衰退します。まず間違いなく、商社なんていうものは、五年後にはなくなってますよ」と鈴木氏。

▼エキスパートの役割

廃棄物というのは、ピンからキリまである。産業から出る非常に高度で難しいものの処理については、化学的な能力が必要で高価なものになる。そういう難しい世界だから、それに対応した能力が必要だということになるが、そのあたりの理解が、まだまだ進んでいないというのが実状だ。

産業廃棄物も難しいものになると、そうとう熟練したノウハウを持っているエキスパートが必要だ。廃棄物によっては、そのまま炉に入れたら爆発する危険性のあるものもある。そういう廃棄物の処理は熟練しないとできない。出すほうは、その点の考慮はない。その結果、廃棄物の質が一定したものでないことが非常に多いのだ。それを処理業者に押しつけておいて、単価だけは安くというのはおかしい。

業者のほうも、これは危険性があると思っても、仕事をもらわなければならないから安い金で引き受けて、どこかに捨ててしまう。そういう循環、リサイクルになってしまうのである。まさに、悪循環で、このようなことでは環境がよくなるわけがない。

鈴木氏はそのために、処理業界の実態を明らかにする、情報をきちんと出していく、処理業者の格付けもおこない、どのくらいの不法投棄があって、どういう矛盾が出ているかということをはっきり読み取っていく、ということをやっている。情報のない世界をつくり、そこへみんなが廃棄物処理を安く押しつけて済ませるということでやってきたら、日本列島に汚染が広がってしまったのである。

▼企業のエコ格付けを

一方、メーカー側、モノをつくっているほうのエコ格付けも必要だ。鈴木氏はこんなエピソードを紹介してくれた。

「昔、ドイツへ行ったときに、デパートでおばさんが小さなテレビを、首をかしげながら見ているのです。何をしているんだろうと聞いたら、この会社は国の歴史に貢献している会社とか、この会社は環境問題に取り組んでいる会社であるかなどを確認しているわけですよ。そのおばさんがこっちにしようか、あっちにしようか、迷っているのは、かっこがいいとか、何とかじゃない。もちろん、性能もあれだけど、性能なんてみんな同じようなものですから。そういう知識をもって買うんですよというのです。日本の消費者とぜんぜん違う。消費者のレベルがすでにそうなっているのです。

よく学者が外国へ行って、とくにドイツなんか見てくると、ドイツはすごいと。日本でも循環経済法という、ああいう制度をもってきてやるべきだということを言います。しかし、私はいつもいうのです。よその国の制度を持ってきたって、文化、歴史、民（みん）のものの考え方がまるっきり違うのだから、無理だと。日本にああいう制度を持ってきたって通用しないよと。だから日本のいい文化がすっかり磨滅してしまって、極端にいうと、コカ・コーラとハンバーガーの国になってしまっている。アメリカはそれでも民主主義というのを持ってます。日本人はその民主主義もわからないわけだから、ものまねで。車をたくさん持っていれば、金持ちだと。そういう国になってしまった。環境問題をやっていると、それが全部見えてくる」

▼一億総環境産業化の風潮

日本の廃棄物は爆発的に増加しており、どっちみちなんとかしなければならない。となると、いわゆる環境産業が儲かるのではないかというので、ここへきて、誰もかれもが環境産業に手を出してきている。

実際、鈴木氏のもとにもそうした相談が絶えないという。

「生ゴミの処理から、あらゆるものについて相談に来るのです。不動産業者が来て、環境産業というのは、儲かるというような話を聞いたけど、いいものはぜひ紹介してくれ、というわけです。じつに底が浅い。ただ、金儲けのためにだけにやるという目的で、本当に環境をよくするということではないから、困る、日本人というのは。

バブルのときは、一億総不動産屋みたいなものだった。海外から来た人に、みんな不動産屋じゃないか、この国はと、いわれたことあります。あの看板、この看板、みんな不動産屋だと。人のもので金儲けしようという。それが、今は総エコ産業化になろうとしている」

生ゴミの処理でまず上げなければならないのは、肥料化である。肥料の材料は、山ほどある。たとえば、日本の産廃のなかでいちばん多いのは、汚泥だ。そのなかで、いちばん多いのは動物し尿である。これは建設破壊器物より、量は多い。牛や豚、鶏糞が日本列島の汚染の、非常に大きな部分を占めている。従来は海に捨てられていたが、今海洋投棄はできない。そのため、たれ流しになっているケースが多いという。それでは肥料化をしようということになるが、その結果、土壌に問題が生じている。さらに山間部で使われた肥料が、みんな海へ流れるから、日本の領域の海は汚染されることになる。家畜のし尿の処理は難しく、金がかかれば畜農家はやっていけない。金をかけられないからたれ流しせざるを得ないという悪循環になっているのだ。

▼分別の教育なしに環境問題は解決しない

これに対してエキシーが進めているのは、生ゴミを原料にしたエコ発電（GETS）である。ただ生ゴミでも市場から出る魚や野菜屑のような新鮮な生ゴミがある。これは生ゴミのなかでも処理が非常にラクな部類だ。微生物菌が働いて、非常に効率よく消滅し、コンポスト化しても問題ない。

問題は加工された食品だ。食品加工されたもの。もっとひどいのは、レストランなどから出される生ゴミだ。キムチが入っていたりカレー粉が入ったり、あらゆるスパイスが入っている。そういうものが入った生ゴミは、微生物菌が働かなくなる。そうすると、いくら処理機が回っていても、なかなか発酵されない。おまけに、カスとして下に残ったものは、いろんな成分が入っている。とくに塩分が多い。塩分が多いとコンポストにならない。そういう現象が起きる。

さらに問題は、ナイフ、フォークから、箸まで入ってくることだ。下手をすると、灰皿まで入ってくるという。たばこが入ってくれれば、微生物菌はだめになってしまうのだ。結局は、われわれ一人ひとりがそういうことに注意をする社会づくりが根底になければ、こうした処理はできないということである。しかし、エキシーのGETSは、のちに詳述するがそれを可能にした。

今までは焼却に頼ってきたが、すでに述べたように、焼却には、ダイオキシン問題などがあり、非常に厳しくなってきている。しかも、どんなにいい焼却施設でも、CO2は出るわけで、新たに大気汚染問題の解決が求められる。

すでにふれたように、日本は国土面積が少なく、海洋投棄もできないから、世界でもいちばん焼却施設が多いといわれる。アメリカは生産工場も多いが、国土面積が広いから基本的には埋め立てである。

したがって、生ゴミからメタンを取るということにも、かなり純粋性を要求される。問題はその純粋性をどのように確保するかだ。原料の選別がなければリサイクルはあり得ない。中途半端ではゴミを増やすだけである。それをどのように教育していくかという課題は、非常に重い。

▼日本人はどん底までいかないと立ち上がれないのか

「ヨーロッパの人たちは、ゴミをあまり出さないですよ。モノを大切にします。無駄なことはあまりしない。建物だって、何百年の建物がたくさんあるでしょう。日本人みたいに、モノを無駄にしない。ゴミの量がものすごく少ないです。それにくらべて日本は多すぎます。アメリカの二五分の一の国土で、アメリカの半分の生産高がある。そんな国、どこにもありませんよ。それで経済大国だなんて、胸を張っていますが、その一方で環境をどんどん汚染させているのですから。どっちが大事かといいたい。それをどうやって正常な姿に戻すか。これはある意味で哲学か、宗教の問題になるかもしれませんが、そういうところに立ち返って考えない限り、引き戻しようがないかもしれない。このまま行けば、一回どん底まで行かないと、立ち上がれないのではないかとも思ってしまいます。

私は二一世紀というのは、人類存亡の年だと思っているのです。もうひとつ、重要な原因がある。一九九四年に、ブラジルで環境サミットがあったときに、学者が次々に立って叫んだのですが、それは汚染の問題と、もうひとつは人口増です。人間が増えるから、そのために焼き畑をやり、砂漠化、温暖化が進み、その結果、人間自身が食べるキャパシティに限界がくるわけです。今人類はすでに六二億人ですが、これが一〇〇億人になったらアウトです」

ゴミ処理問題は、単に日本だけの問題ではなく、世界の、人類存亡の問題としてとらえられなければならない。すでに、そこまで深刻化しているということを忘れてはならないのである。

②［座談会］食品リサイクルの現場から

出席者［東京食品事業リサイクル協同組合・鈴木勇吉理事長（環境政策研究所会長）、澤谷義一専務理事（日本衛生代表取締役）、中塚吉明理事（中塚クリーンセンター代表取締役）、片野幸雄理事（片野商店社長）、大村寿太郎発起人（大村寿太郎商店代表取締役）、大山喬史顧問（巧創建設代表取締役）、藤原伝夫監事（エキシー社長）］

▼いま食品リサイクルの現場はどうなっているのか

――循環型社会の実現が国際的にも大きな課題となっています。しかし、日本を見てもなかなかいわれているほどには進捗していないというのが現実です。そこで、食品リサイクルの現場ではどういうことが起きているのか、技術的にはどうなのか、あるいは循環型社会が目指すうえでの課題としてどのような問題があるのか、このほど「東京食品リサイクル事業協同組合」を立ち上げて食品リサイクルエコ発電に取り組んでおられるみなさんにお話し合いいただきたいと思います。

たとえば、エキシーが創業期に浦安の研究所で使用していた生ゴミの材料は、中塚さんが市川市の教育委員会を通してリサイクル資源として回収し、それを使って試験的に発電していました。澤谷さんは、三、四年前から七五トンの発電所、処理場の建設を計画しているわけですが、現状をお話ください。

澤谷　実は、うちは都内最初の一般廃棄物処理業として、都から認可をいただいた会社なんです。それで私の工場にエキシーさんの装置を入れようというので、そのときは個人でやるという考え方だったのです。

当時は国が、奨励するというわけでもないのですが、コンポスト（肥料化）を始めるという時期で、われわれがそのコンポストのビルドをやりました。しかし、どんな機械を使ってもいいものはすぐ出てこないということなのです。出てきたものをまたさらに熱をかけて、自然に発酵させながらいろいろなものを加え、攪拌しながら寝かせて、また攪拌して寝かすということをしていかないと意味がない。それだけでも大変なのに、その七五トンの、正味二〇トン、三〇トンを、毎日どこでどう処理するのかということがまた大きな壁になったわけです。

当時もまだ、今回のように一般廃棄物の処理料金も都が決めていたわけですから。

——その処理料金というのは？

澤谷　要するに処理費ですね、東京都の。われわれが一〜二円の手数料で土地代や機械代を償却していくためには、どうしても七〇トン以上のキャパシティを持たないといけない。それで、七五トンでやろうということで、各省庁に当たったのです。ようやく、去年から生ゴミも食品リサイクルという形で処理するということになってきましたが、当時はまだそんなに国の方向づけがはっきり見えていなかったものですから、これは私一人でやるべきものではないと。

というのも、これは許認可の仕事ですから、やる以上はつねに事前協議という段階を経ながらきちんとした形で許可をいただいて、それではじめて操業できるということですから、そうすると、これはなかなか一人でできる事業ではない。国や東京都が、大手企業の参入ということを含めて、幅広く入ってきやすいようにしていく必要がある。つまり、規制緩和ということですね。

現在、この食品リサイクルに関しても、扱いは一般廃棄物になります。一般廃棄物はどうしても市町村の責任で処理しているものですから、条件の金額が決められているわけです。

去年から、国のほうでもリサイクルという手を挙げました。それに関しては五〇円ぐらいはいただいてもいいのではないかと。しかし、行政が本格的に指導に移った場合、当然、全部リサイクルになるということは目に見えています。ですから、組合として一緒になってやりましょう、と。

しかし、今後、われわれの社会貢献的事業の協力者が増えてくれば、やはり東西南北で、組合組織で動いていくような形に変わってくるだろう、ということです。

――その東西南北というのは、東京都二三区ということですか。

澤谷　そうです。一般廃棄物は、各市町村の責任ですから、それで東京二三区ということです。

――なるほど、エコ発電というのは、初めての試みですか。こういう方式というのは。

鈴木　ええ、世界でも初めてです。今世界中から見学申込みがきています。

澤谷　組合でということでも初めてですね。こういう動きになってこないと、個人で行うような規模の事業ではないように思います。組合という形で動かしていかないと、なかなか行政の指導通りの循環型社会には到底なっていかないでしょう。

――今中塚さんのところではどのぐらい扱っていますか。

中塚　私のところは、リサイクルを循環型でやろうという趣旨です。それで、エキシーさんとの付き合いで、私がこのなかでいちばん早いのかもしれないですが、千葉県で申請したんです。

というのは、私は千葉の市川なんですが、工業団地のなかに五〇〇坪の土地を買ってあるんです。五〇〇坪ではとても役に立たないのですが、その隣がたまたま県の所有ですから、県から貸してもらえば、合わせて一五〇〇か二〇〇〇坪の土地になる。

さらには、県の敷地の隣がJR京葉線、そのまた隣が国道三五七ということで、場所としても申し分ない。国道からすぐのところにJRがあって、そして県の土地があって、さらにはうちの土地という具合につながっている。ですから、ここを利用できればと考え、県に申請をしたのです。

――それはいつごろですか。

中塚　二〇〇一年です。二〇〇二年の予算に間に合うように一〇トンの規模のプラントで計画を出しました。許可はまだ出ていないのですが、その一方で、何を考えたかというと、市川市民、人口約四五万人から出てくるビンやカンのリサイクルをわが社で引き受けようと考えたのです。

私のところは、たまたま市内の学校六二校分の生ゴミを、全部引き受けています。

食堂から出る生ゴミではなく、学校給食ですから、完全に混ざりがないわけです。ただ、給食で困るのは、夏休みが一カ月あることです。春休み、冬休みもありますが、これは期間が短いからいいのですが、夏休みは長期ですからそのときにどうするかという問題が残ります。

ともあれ、発電が実現しますと、電力は、昼間は自社工場で使いますが、夜間は工場が動きませんから放流したのではもったいない。そこで、たまたま工場の後ろに西濃運輸さんのターミナルがあるので、夜中はそこにタダで電気を送ろうと考えています。ただし、コンピュータが稼働しているときに停電になったら困るので万が一を考えて、その分は東京電力から買ってもらう。トラックが来て荷下しするところは電気が消えたらまた切り換えればいいわけですから、それについてはうちがタダで提供しましょうと。

リサイクルの最前線の問題ということでいえば、いちばんの問題はビンの処理です。スチール缶、アルミ缶は売れますが、ビンには白、茶、黒、緑などいろいろあります。そのうち白と茶のビンはいいんです、白は二円で売れます。

——白っていうのは透明のビンのことですか。

中塚　そうです。茶ビンというのは、典型的なのはビールビンですね。ビールビンはただです。しかし、緑のビンは、キロ七円を支払わないと持って行ってくれません。だから、これは困るわけです。黒もそうですが、色つきはみなお金を払わないとダメなのです。白と茶だけが大丈夫。

そこで私は自分のところで工芸をやろうと考えました。色ビンはよそへ出すのではなく、自分のところで溶かして、もう一度つくりなおそう、と。まあ、循環型モデルですね。お客さんがまたそれを捨てるということはあるかもしれませんが、少なくとも一度はうちで商品にして返そうと。

もうひとつの問題は、天ぷら油です。家庭の台所で水を出しながら油をチョロチョロと流す。あれでは自分のところはきれいになりますが、管が汚れて詰まってしまうから大変なのです。だから、そうならないために、うちの工場に見学に来る人はペットボトルなどに入れて天ぷら油を持ってきなさい、と。それをどうするかというと、燃やします。あれは動物性ですから、燃やしてもダイオキシンは出ません。そこで、燃やして、工場の冷暖房、事務所の冷暖房に切り換えようということを最終的に考えたわけです。

――一〇トンの規模で十分ですか。

中塚　いや、それだけでは足りません。近くにある大きな弁当屋さんと食品会社にはすでに相談していて、できたらうちも協力するという確約はもらっています。実際はそれも計算に入れて一〇トンということなのです。

だから、能力的には一六、七トンあるということになりますね、うちが一〇トン入れれば。ただし今いったように、うちはエコ発電だけでなく缶、ビンなどを含めた循環型のリサイクルを主体に計画していまして、生ゴミの発電は全体の事業の一部と考えています。エコ発電以外の部分から収入を得て、工場に見学のお客さんが来たときに、ここの電気は全部みなさんの食べた生ゴミで起こしてますといえるようにする。

――現場は多種多様のようですが、メーカーの藤原さんの対応策は。

藤原　この夏休み事件で、あとで大笑いになったことがあったんですよ。

この研究開発を始めた頃、共同研究をやっていたある大手電機メーカーの社員が、七月から八月の暑い時期になるとどうやらバイオガスが発生しなくなる。これは装置の欠点だと判断して、勘違いの報告書を現場研究者が提出して、本社から研究開発を中止せよとの命令を受けたことがあったんです。

大手メーカーの社員は、臭いものだからゴミの投入はほとんど立ち合わないし、さわりもしない。だから中塚さんが集めている学校が休みでゴミの投入も休みだということに気が付かなかった。要するに大企業という名前にぶら下がってしまい、しっかり現場を観察していないんです。

仮にもこの業界で仕事をして行こうとするのであれば、休業日や災害発生時等現場で起きるあらゆるケースを想定・体験して、業界別の対策マニュアルをつくるのがメーカーの仕事であり、独自のノウハウになるんじゃないですか。うちのスタッフはスーパーや食品工場等の現場でやってきた人たちばかりなので、事業者のみなさんと同じ目線でマニュアルをつくってきたために、大変な財産になっています。

――片野さんがエコ発電に関わるようになったきっかけは？

片野　私がエコ発電に取り組むようになったきっかけは、たまたま、知人の社長から「ドイツでは生ゴミを電気にする施設があるよ」ということを教えられたからです。実際には、当時はまだ発電ではなく、ガスと水に分けていました。ガスはプロパンのタンクに充填して、水は水で、これがまたすごく栄養のある水なのですが、これを畑へ蒔くと肥料がいらないということで、それを実際にドイツへ行って見てきたのです。

それで、生ゴミがこういうふうに使えるのかということを知ったというのが最初ですね。

当時は、二年後にベルリンの万博があるから、そのときは電気にします、という話でした。ガスを使って電気にするというんですね。

そのあと、エキシーの藤原社長にもドイツに行ってお会いしまして、これをやりましょうという話で、こちらもできることなら協力したい、と。協力するといっても、われわれは資金的な協力はできませんが、生ゴミを集めることは商売ですから、それはできますよということです。

――当時から、生ゴミからガスと水をつくるということに興味を持っておられたのですか。

片野　ええ、興味はありました。東京都は生ゴミの量がすごいですからね。あれを燃やせば大変なコストがかかるということを知ってますから、何かに使えないかとは以前から思っていたのです。

そうして、最初は肥料にしようと考えていたのです。うちに機械がありますよ。一日五〇キロほど消滅させる機械ですが、これは生ゴミを消滅させるだけですが、事業にはなりませんでした。

▼生ゴミ消滅装置からエネルギー製造装置へ

――よく生ゴミを消滅させる機械という話は聞きますね。

片野　私のところのは自作なんです。友人の鉄工所に発注した簡単なものです。ただ、問題は菌で、菌があれば生ゴミは何でもなくなるんです。菌に食べさせてしまう。全部なくなります。最後は財産までなくなりますよ（笑）

――全部なくなるんですか。

片野　そう、全部です。松の木のチップと、あと菌を混ぜてある程度の水分があれば、グルグル回すだけで一晩でなくなります。うちのは今五〇キロですけどね。一〇〇キロ入れると難しいですが、七〇キロぐらいまでは消えてしまいますよ、一日で。しかし、キャベツの芯なんかは、二週間ぐらいなくならない。葉っぱとかご飯とか、ああいう軽いものは一晩でなくなります。もっともリンゴは酸と皮に付着している農薬があるからダメなんですよ。

この前、福島のほうから持ってきたリンゴを入れたら、やっぱりダメでした。菌もなくなる。農薬が強いんですね。リンゴというのは恐ろしい。リンゴだけだったらダメなんです。菌がみな死んでしまいますから。いろんな菌があって、それが難しいんですよね。油を食う菌とか、いろんなものを食う菌があるわけですから、入れた菌のせいで入っていた別の菌が死んでしまうとか。

やはり、いろいろな経験からすると、消滅型というのは、想像もできないようなトラブルが多すぎますね。要するに、家庭で実験している程度でしたら面白いかもしれませんが、プロが仕事で使うようなものではないんです。

そんなことで、自分のところの機械からの想像で、ドイツで生ゴミをガスと水にしているといっても、大きな機械ではないだろうと思って行ったわけです。ところが、それはもう立派な設備なんですよ。これは個人ではとてもできないと思いました。

——どんな感じですか。

片野　ええ、あれはまさしくビール工場と同じですね。今エキシーでやっている一日四トン、五トンの生ゴミ処理でガスにするというものにしても、そんな感じです。

——大村さんのところはどうですか。

大村　私のところは、仕事は片野さんのところと同じです。そんなことでたまたま片野さんから今回のお話があって、意義のあることだからというので仲間に入れてもらったわけです。

――現在、東京都では、引き取った生ゴミをどのように処理しているのですか。

中塚　そのまま東京都のほうで焼却しています。ところが、今まではこれがなかなか難しい。生ゴミ以外のものが入っているケースが少なくないのです。

学校から出る生ゴミはいい。せいぜい入っていてもスプーンぐらいですから。しかし、それ以外のところから出る生ゴミだと、楊枝は入っているし、ビニールは入っている。それを選別するのにコストがかかる。これが問題だったんです。ところが、今度のエキシーさんの食品リサイクルエコ発電は、サテライトというのがあり、こういう問題や煩わしいことがなくなるので助かります。

片野　「欽ちゃんの仮装大賞」という番組があるでしょう。私のところでは、あの生ゴミの処理を一手に引きうけてやっているんです。もう十数年やっています。番組の各出演者に弁当が配られるでしょう。約一五〇〇食ぐらいあるのですが、このうち約五〇〇食は余りますね。

このあいだ初めて、うちでパッカー車を置いて、別に積んできたら段ボールで二十数個あった。それで正月の三日に全部開けたんです。ところが、木の容器に入っている ものは生ゴミで入れられるわけですが、ベンガラが入っていたらダメだというんです。仕方がないから、正月の三日に半日かかって処理しました。あまり長く置いておくと、臭くなりますからね。

中塚 よくいうのですが、東京都のように分別をうるさくしないで、清掃工場に何百億円もお金をかけるんだったら、弁当箱くらいはそっくり燃せるだけの装置をつくればいいのです。市川市役所では二五〇億円の清掃工場を建て、もう発電しています。燃やして、タービンを回して東京電力に売って、収入が年間三億円です。自分のところで一億円分使うわけですから、二億円分だけ東京電力に売っているわけです。

これも循環型社会のモデルです。逆に、分別されたら工場で燃やすものがなくなってしまう。電気が出なくなると三億円がなくなるかもしれない。いや、行ったり来たりすると四億円になるわけですね。

これは全国どこの役所でも一緒ですけど、建てましょうといって建ち上がるまでに七、八年はかかってしまいます。七、八年も経てば機械も古くなってしまいます。五年でひと昔ですから。ですから今、全国で問題になっているのが、ダイオキシン問題が出ていなかった頃に大手メーカーがつくった焼却処分場です。ほとんど全部だめです。ですから、案が出たら一年以内にやらなきゃだめですよ。それから五～七年後に規制や法律が変わってもなんとかなる。技術はどんどん進むんですから。

――しかし、中塚さんの工場が動きだしたら、その二五〇億円かけてつくった清掃工場と競合しませんか。

中塚　いや、まったく違いますから。

――でも、生ゴミで発電するわけでしょう。

中塚　生ゴミといっても学校から出る生ゴミなんて、人口四五万人と学校六二校ですから、たかがしれています。

生ゴミの場合、清掃工場は大したことがない。むしろ生ゴミだけを燃やすと金がかかるんです。火が消えるから攪拌しながらバーナーで燃やさなくてはいけないのです。清掃工場へ行くとよくわかると思うのですが、あそこで上からパラパラと落としてるのは、混ぜているのです。スコップで練るのと同じで、紙と生ゴミを混ぜて燃しているわけです。生ゴミだけをボトンと落とすと火が消えてしまいますからね。そうすると油で火を焚かなくてはいけない。その油代もかなりなものです。

それは別としても、今いったように二五〇億円もかけて設備を建てるのなら、本当にダイオキシンが出ないような装置をつけて、集めるほうは何でもいいから出しなさいと、そうすればいいんです。しかし、これをやらない。

澤谷　縦割りですからね、行政は。あるところでは、やはりエネルギーをつくるという部分では、国も援助するというところもあるわけですが、リサイクルとか循環型だとか、そんなことを話していますが、ぼくらはその狭間にいて、現場がいちばん難しい。

▼現場を知らない縦割りの行政システム

――現場のことをわかる人がいないからですね。

澤谷　生ゴミだったら農林水産省の管轄だとか。

片野　たらい回しにされますからね。

中塚　いつも思うのですが、国ももっと現場の実体を知ってほしいですね。

というのは、容器包装リサイクル協会というのがあって、私はそこの認定をもらっているのですが、これもおかしなものでしてね。白色トレイという魚や肉が入っているトレイがあります。今回、木更津市と習志野市の指定法人から入札で、今年の四月から来年の三月まで、その処理の仕事をいただいた。

ところが、白いトレイに笹の絵を書いたりしているものがあるでしょう。しかし、あれは白色ではないといわれる。真っ白のやつだけを白色というのであって、あれはゴミにしてくださいと役所はいうのです。うちは色がついていたって処理できるといっているのに、「いや、白でないとダメだ」と。白以外は戻してくださいと、こうなんです。

これも矛盾している話ですが、容器包装リサイクル協会には、私たち現場サイドの理事は一人も入っていない。入っているのは全部メーカーさんです。彼らが理事なんです。つくりやすいようにメーカーさんが自分でつくって、それで国の公的機関を使っているわけです。だから、こんなことが起こるわけですよ。

やはり、現場サイドの人間を理事にするしかない。それなのに、あの理事の構成を見ると全部メーカーさん。日本の大手メーカーさんばかりが理事なんです。

——その理事を任命するのは誰なんですか。

中塚　国でしょう。今は省が変わりましたけど、昔は大蔵省でした。

おかしなことですが、ペットボトルをまず初めに認定するのは経産省です。これに中身を入れると、アルコールなら財務省、オレンジジュースを入れると農林水産省、このように同じものでも中身によって違うんです。これだけが集まって法律をつくる。私たちのような集めている側の意見がひとつも通りません。

鈴木　それで今度の組合は、われわれ現場の責任者が集まってつくったんですよ。結局、容器包装リサイクル協会を取ってみてもそうやってメーカー側で独占しているでしょう。容器包装リサイクル法をつくるときは、私もあの委員会に入っていたのですが、まだペットボトルがみな大きな時代だった。今では水が入ってるでしょう。あれを回収しようということだったのです。そうしたら、容器包装リサイクル法ができた途端にどんどん小さいペットボトルが生産され始めた。

つまり、容器包装リサイクル法を利用して、生産を強めてきたわけです。本当はリサイクルする前に、そういう製品を出さないようにすることが重要なはずです。ところが、製品をいろんな種類で生産して、しかも、リサイクルのシステムを自分たちで占領していれば、自分たちの生産の体制にはなんの影響もないわけです。好きなだけ生産できる。だから、やっていることがまったく逆なのです。

容器包装については、法律ができてもう五年ぐらいたっていますが、リサイクルがまだ二〇%ぐらいしかできていない。これでは、何のためにリサイクル法をつくったのかわからない。メーカーで全部固めてしまって、そこが実質的に認可を下ろすようなシステムでは、権力を持たせているようなものだから、自分たちは好き勝手に生産しています。これはひとつの例にすぎませんが、そういうふうに構造を力の強いところに集めてシステムを組むものですから、よくなるわけがない。

そこへもってきて、さきほどの話のように、白いものは白くなきゃダメだって、そんなバカな話はない。

それともうひとつ、焼却の話が出たでしょう。確かに、焼却施設、何百億円もかけてやるのなら、最初から何でもかんでも全部入れて燃やせばいいじゃないかと。

しかし問題は、京都議定書ではないですが、必ずCO2は出るわけですから、やはりそういう焼却をした結果としてダイオキシンは出なくても、ほかのものは出るわけですから、地球環境がよくなるわけがない。だから、燃やさない方法でリサイクルをしなければいけない。

焼却施設にしても、本当は半分の予算でいいのです。私は、全部経営を民間に任せたらいいと思っています。県単位でゾーニングして、総合施設を何カ所かつくらして、そしてのようなノウハウがあるものをそこへ入れて、経営させなさい、と。そうすれば、ものすごく安くつきます。アメリカはみんなそうやっています。アメリカは州法が非常に強いですからね。全部民間の企業が扱ってて、周りの自治体はみなそこへ持っていきます。それがいちばん理想的です。

――大山さんのところは、今どういうことをなさっているんですか。

大山　私は建築屋ですが、東京都内で最初に民間で焼却炉をつくった日本衛生の澤谷社長とゴミ問題を一緒にやっていました。それで、三年か四年ぐらい前に、生ゴミの発電を考えようということでエキシーさんと知り合って、今一緒に動いてやっているということですね。

そのおかげで、今は破砕やコンポストの仕事もやっています。ただ、何をやるにもエネルギーを使うんで、この発電を中心にプランします。大体うちの場合は、ただ建築をやるだけではなくて、そこの会社の社長と一緒に動いて、役所へ行って交渉して工場認可までとるわけです。

▼まず実績をつくって行政に認めさせることから始まる

――最後にみなさんの立場からひと言ずつ、食品リサイクルについて提言をいただけますか。

中塚　先ほどもいったように、循環型のリサイクルという全体の枠組みがまずあって、生ゴミについてはその一部としてやるということです。

うちの場合はお話ししたように去年、県庁との打ち合わせは終えているので、あとはOKがでれば、実際に動き出すということです。

環境アセスについては、一度やったことがあります。うちの会社で千葉県の干潟町にビン工場があったのですが、そのときは山林だったので、ちょっと苦労しました。それでも認可が下りるまでに八カ月ぐらいかかりました。今度は工業団地で、私のところよりも国道のほうが音はうるさいし、しかも住宅まで七〇〇～八〇〇メートルぐらい離れてますから、環境アセスについても、申請すれば一年以内に許可が取れると思います。もし許可がでれば、日本で第一号ということになるようです。

市民が出したものを自分のところでリサイクルするものはして、本当に捨てるものは入れてきたビニールとかそういうものだけになる。うちはビニールもリサイクルして、ほとんど捨てることはないようにする予定です。

――澤谷さん、リサイクルを進めるために何が必要だと思いますか。

澤谷　まずは行政に対して実績を積むことが肝心ではないかと思っています。今までのように、いわれるのを待っていても仕方がない。とりあえず、政府が振ってきた。しかし、それをどうしようかという部分で、今試行錯誤しているのが行政です。だったらわれわれで、こういうふうにすればうまくいくという既成事実をつくるべきだと思います。

――できるところから始めれば、東京はすでにやっているではないかということで、地方自治体も動きやすくなるということですね。とにかくパイオニアとしてやっていくと。

澤谷　ええ、生ゴミに関しては。いずれは廃プラスチックのリサイクルなども最終的には必ずお客さんからいってくるであろうと考えていますが、とりあえずは、エキシーさんとわれわれは協力しながら、行政に対して既成事実をつくって、できるということを示したい。そうすることによって、他が追いかけるようになってくることを

生ゴミ収集システム

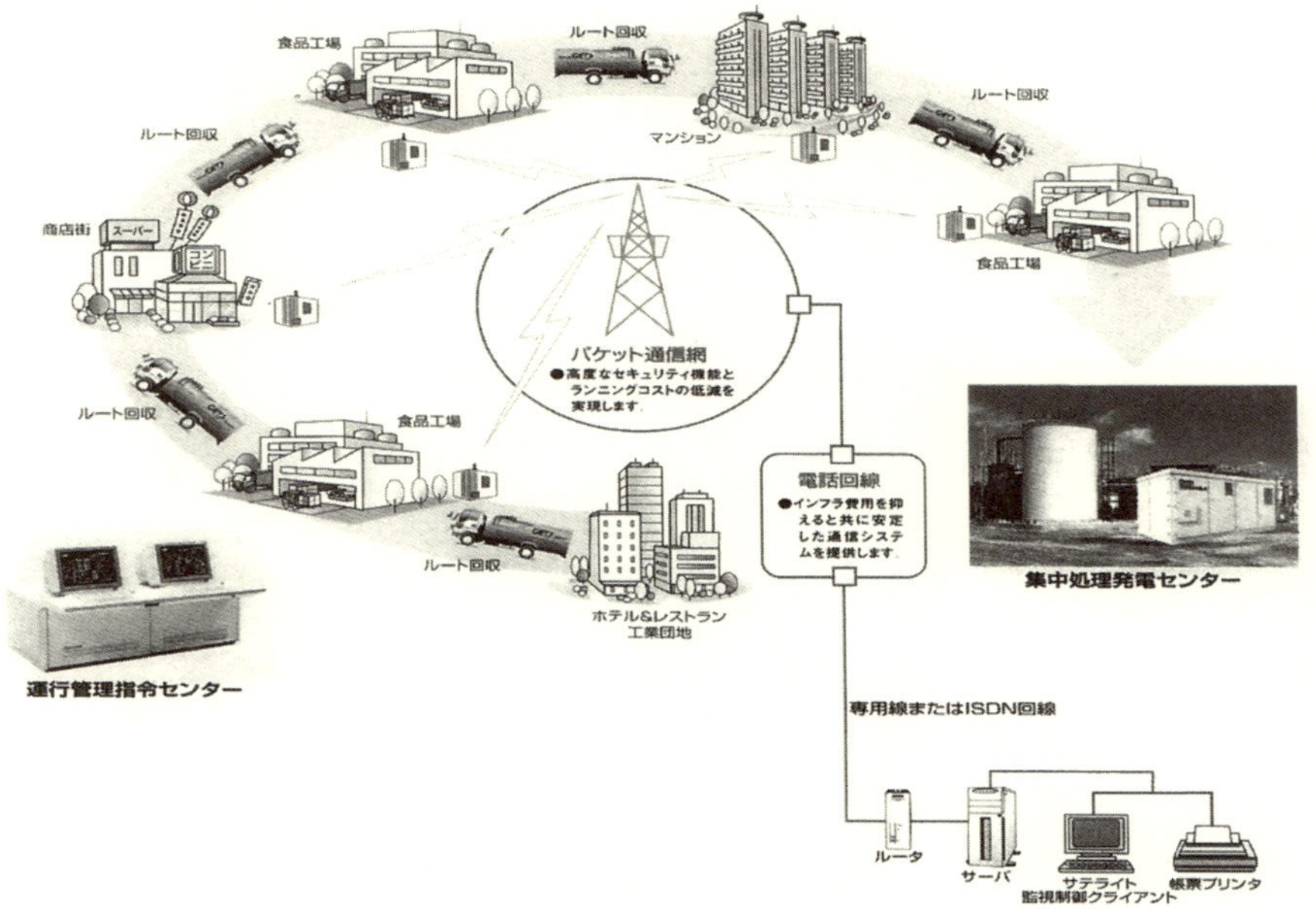
食品工場
ルート回収
マンション
ルート回収
食品工場
ルート回収
商店街
スーパー
コンビニ
ルート回収
食品工場
ルート回収
ホテル&レストラン
工業団地
パケット通信網
●高度なセキュリティ機能とランニングコストの低減を実現します。
電話回線
●インフラ費用を抑えると共に安定した通信システムを提供します。
集中処理発電センター
運行管理指令センター
専用線またはISDN回線
ルータ
サーバ
サテライト
監視制御クライアント
帳票プリンタ

期待したいですね。ですから、お客さんの要望もありますので都内第二号として七五トン発電センターを一日も早く立ち上げたいと思っています。

――片野さんはどうですか。

片野　最近の新聞を見ると、各ホテルでコンポストつくりましょうと、ただ、肥料にして、それを使ってよければいいですのですが、いろいろ問題もある。

私の知っているところでも、コンポストを肥料にしまして、北海道へ送ってジャガイモ畑に蒔いたということなんですが、二年ぐらいはよく採れたけど、三年目になったら白いのが出てきたというのです。何かといえば、これは塩分だ、と。それからまるっきり採れなくなってしまった。だから、もういらないよと断られたという人がいました。

これは、今はまだ大した量じゃありませんが、農家が年間数万円のお小遣い欲しさに、田んぼや畑に生ゴミ肥料の散布を許したら、一〇〇年以上は元に戻せませんよ。神武以来の日本の農地を塩害だらけにしてしまったら、実行者は国賊者です。まだ国もマスコミもこの日本の存亡に関わる塩害問題に気が付いていないですよ。

ですから、エキシーさんが食品リサイクルエコ発電を開発したということは、日本

丘にひろがるジャガイモの畑、北海道美瑛町［写真提供・共同通信社］

農業を壊滅状態に追い込むことを阻止したわけです。何しろ、生ゴミが電気になるんですから、誰に文句をいわれる筋がありますか。最終的には温暖化防止にもなる。

たとえば、竹の塚にある焼却炉は年中修理しているでしょう。修理に二、三カ月ぐらいかかる。そのときは、他の清掃事務所に持って行くわけです。その原因はなにかといえば、生ゴミなのです。生ゴミを燃やすから炉が傷むわけです。今はセラミックを張ったりして、強化していますけれどね。

そういうことで、生ゴミリサイクルについては、エキシーさんの機械が稼動するとなると、これはひとつの転換になると思います。ホテルでも、排出業者でも、これを見にきて、一円や二円高くても、これを使ってくれよという現象になければ、自分の住んでいる地球を汚すということは、自分の寝所を汚すのと一緒なのですから。

——大村さんはいかがですか。

大村　とにかく、早くこの組合ができることだけを願っています。早く立ち上がって、実際、動きだせば世の中変わってくると思います。

大山　実際、東京都はゴミの予算が二七〇〇億円あります。エキシーのシステムが普及していけば、どれだけのお金が浮くか考えてもらいたい。ゴミだけでも簡単にやるようにすれば、はっきりいって二、三割のお金が浮いてくるわけです。そうすると何百億円です。これは大変な金額です。財政再建になることはもちろんですが、自治体によっては、その余剰分を福祉に廻せるじゃないですか。

要するにすべての面で、みなが、「よし、協力してやるぞ」というふうになれば今度の食品リサイクルエコ発電をひとつの手本としてうまくいくと思います。

――鈴木理事長から、リサイクルを進めるうえのポイントをまとめていただけますか。

鈴木　みなさんがおっしゃったとおりなんですが、リサイクルを進めるうえでの大事な前提は、ゴミを適正にきちんと処理することなんです。これが大事です。きちんとした処理にはコストがかかるから、その前にもっと安い費用でリサイクルしようということですね。経済原則でいかなければダメなんです。

また、その前に、生産の途中でなるべく廃棄物を出さないようにするという経済原則でものを考えなければいけないのに、形式だけでものを考えている。廃棄物の処理にしても、リサイクルにしても、そういう理念だけで法律をつくって、経済実態を置き去りにしているわけです。あくまでも市場経済で社会は動いてるわけですから、市場経済にきちっと合理的に合わせるということを根底に置いて、やっていかないと進まないということになるんです。

大山さんもいわれたように、役所は縦割りだということはよくいわれますが、問題は縦割りであっても、とにかく大局的に一〇〇年の計をもってものを考えることが重要で、最近は東京都が全国で最も優れた役所になってきたと思っています。国はもっともっと見習うべきです。今回の組合の設立に関しましても、こういう時勢の一刻を争う事態に対しては、今まででは考えられないスピードで設立業務を処理していただき、窓口になられた東京都中小企業団体中央会や東京都労働経済局の方々には大変感謝をしておりますのと、東京都の行政能力の優秀性をみなさんに伝えたいですよ。

――最後に世界中のリサイクル現場を見てこられたエキシーの藤原伝夫社長の日本におけるリサイクルの実感は。

藤原　基準や規制は世界的にみてもトップクラスです。しかし、それを実現するために、どういうふうに整備し、実行させるかという方法論が、現場の意見を吸い上げていないからわかっていない。所詮ゴミごときと考えている経営者がまだまだ多い。ただ、最近ではわれわれのこういう仕事でなければ知ることのできない面白いことが起きているんです。まずはっきりしていることは、リサイクルや環境問題に力を入れている会社や経営者は、イトーヨーカ堂さんのように、結局優秀な収益企業になっていますね。取引先を決めるときには、決算書や資産なんかを見るよりは、まずトイレに入って清掃具合を見る。次に工場の裏へ回ってゴミ集積所を見るだけで、その会社のすべてがわかるし、何しろ経営者の姿勢がすぐわかります。何十年と外れたことがないそうです。

要するに、人間の体と一緒で、長期間便秘をしていたら、食べるものも美味しくないし、顔色や肌つやも悪くなり、体全体の循環が悪くなる。会社でいえば金回りが悪くなると同時に、製品も欠点が出てきますよね。それが不思議とトイレとゴミ捨て場に結果が現れるのです。ですから、これからの経営者は、経済を勉強するまえに「環境」と「衛生」をしっかりと勉強するべきじゃないでしょうか。

もうひとつ申し上げたいのは、ゴミ処理事業に関わっておられる方には、みなさん、弁護士資格よりも、難かしい試験とか、講義を受けてやってらっしゃることがつくづくわかりました。そして裁判や行政届けも、他の産業と違って、ほとんど経営者の方や社員が自分でやってますから、どこへ行っても堂々としている。この業界の裁判は、弁護士に頼んでも、だいたい三日で、投げ出すほど複雑です。うちの社員も、今回規則が厳し過ぎて、自殺者が出るんじゃないかと思うくらい、ことが進まず、三月に石原都知事から組合の認可がおりたときは、朝礼で、認可書をみなに見せ、社員全員で泣きました。

③ 生ゴミの肥料化と土壌汚染問題

▼栄養過多の土壌

食品リサイクルというと、まず頭に浮かぶのが肥料化である。スーパーマーケットなどから出た生ゴミを肥料にする。その肥料を農家に分けて、そこでつくられた作物をスーパーが買い受ける。こうすれば生ゴミも立派にリサイクルするはずである。

しかし実際にはそうはいかないのが現実なのである。

「われわれの身体と一緒で、飽食の時代というか、土壌自体もかなり栄養過多になっている」と語るのは、千葉大学園芸学部の犬伏和之教授である。

日本では世界中から食糧とか家畜のエサを輸入しているが、出口がない。結局、言い方は悪いがゴミ捨場ではないが、そうした食糧、エサなどの最終処理場として土壌に投入され、そのため土壌が養分過多状態になっているというのである。

そのひとつの表れが塩害である。

「特にハウスのように雨がかからないようなところは、自然によって洗い流されることがないので、どんどん塩類が集積していく方向にある。ただ、ひとつの成分だけが溜まるわけではなくていろいろなものが溜まるのですが、植物に必要のないものが溜まってくる、そういう意味では養分バランスが崩れてしまう。アンバランスになってしまうのです。品質のいいものを出そうとして、ついつい肥料を多めに多めにやったりすることも関係していると思います」と、犬伏教授。

▼八〇年代後半から浮上した塩害問題

実際に生ゴミを肥料化したものを使った塩害が問題になり始めたのはいつごろからだろうか。

生ゴミ肥料による塩害の事例が全国にどれぐらいあるかという正確な調査ではないが、食糧の輸入が増えてきて、しだいに農地が縮小していくようになった一九八〇年代後半ぐらいからだといわれる。

土壌の質をいうときによく、ＰＨ（ペーハー）が使われるが、塩分を計る尺度としてはＥＣという単位がつかわれる。

「ＥＣ（エレクトリック・コンダクティビティ）といわれていまして、『電気伝導度』の略です。土壌を採ってきまして、純粋な蒸留水で振ってやりますと、土壌中に溶けている養分が出てくるわけですが、その溶液に電極を通じてやると、塩分が多ければ多いほど電気の通りがよくなる。ECが上がってくるのです。そこで、塩類濃度を示す尺度として電気伝導度ECというのが、非常によく使われます。

作物の種類とか土壌の種類によっていろいろで、いちがいにはいえないところもあるんですけれども、たとえば、土の種類を大雑把に三種類ぐらいに分けます。まず火山灰を母材とする、関東周辺の畑土壌の黒墨土、有機物が多く、色が黒いという特徴があります。それから二番目が粘土質あるいは沖積土、これは水田に近い。それから千葉県でいうと、九十九里の近くのような砂質土壌の三種類ぐらいに分けます。また、作物を大きく二つ、花菜類・葉菜類、根菜類とに分けたときに、たとえば黒墨土壌の場合に、花菜類ですと、ECが〇・三から〇・八……単位としてはミリジーメンスパーセンチメートルと、ちょっとややこしいのですが、一センチメートルの溶液のあいだをどれぐらいの電気が通るのかというような抵抗の逆数なんですね。これが高ければ高いほど塩が溜まっているという状況です。標準的といえるのは、〇・三とか〇・七ぐらいで、一を超えるような場合には少し問題があるかもしれない。二を超えるような土壌では、正常な生育が期待できない。葉類や根菜類でも〇・一かせいぜい〇・六ぐらいです。

まず土壌の種類によってずいぶん違う。砂地のようなところでは、ちょっと塩が溜まっても、それだけ影響が直接出てきてしまう。それに比べて有機物が多いところは、多少塩が多くなっても、土壌中に吸着され少し塩分を蓄える能力があるので、直接に作物の根にはいかない。これは一応の目安ですが」

たとえばＥＣ値が一・二とかになってくると、作物別にどれくらい肥料をやればいいかの基準である施肥基準の半分にしなさいとか、四分の一にしなさいとかいうような指導をする。一・三を超えるような場合には肥料はいっさいやらないほうがいいというような指導をしているのだが、こういうようなケースが、かなり増えてきているという。

もっとも、露地畑とハウスとでは状況が異なる。ハウス畑ではＥＣが一を超えるような事例が少なくないようだ。

最近では、こういう指導がだいぶ徹底してきて、肥料をやらない。場合によってはハウスにもかかわらず、なかの土を全部水洗いするとかそういうことをして、除塩しているところもある。

ハウスに比べて露地畑に関しては、よっぽど大量に肥料をやらない限りは長期的に見れば雨などによって洗い流されるわけだが、作物の植付けの時期などの大事な時期に塩類が残っていることによって作物に弊害が出ることもあるという。

そんなことから、冒頭で紹介したような、たとえばスーパーなどから出た生ゴミを肥料にしたものを農家に使ってもらおうとしても、農家から拒否されるというケースも少なくないようだ。体験的にそういう肥料を使うと塩分濃度が高くなって発芽具合がよくないとか病気になりやすいということがあるからだろう。

「営農指導の人は、土壌をよく見て長年の経験がありますので、そういう人たちから指摘されて、農家の方が肥料を減らそうかというような考えでいる矢先に、『また新たにこれを入れたらどうか』といわれても、『いや、結構です』ということになるのは当然ではないかと思いますね」と、犬伏教授。

▼国際的な視野で考えることが必要

たしかに食品ゴミ、生ゴミを肥料化することは、理論的には一般に非常に理解しやすい話である。食品を燃やしたのではもったいないし、大変なエネルギーもいるということからすると、循環型社会をつくるためには、生ゴミを肥料にし、肥料を土に投入し、土から生産物をあげて回転していくというのは非常に理解しやすく、非常にクリーンなサイクルに見える。しかし、現実には、土壌がそれを受けつけなくなっているのだ。

「循環社会の輪をどこに視点をおいているのかというと、日本という国に限ってみれば、循環というのは外から入るばかりなんです。ですから、最終的に日本に輸入された養分をまた還してやらないと循環は成り立たないというのが一番基本的なところなのだと思います。その一方で、たとえば輸出している側から見ますと、土壌の養分をどんどん食糧に換えて出していくばかりで生産地の側には今度は土壌の崩壊というか養分の欠乏・低下というものが同時に起こっているわけですから、そういう意味での循環をグローバルに考えないと成り立たない」と犬伏教授は指摘する。

グローバルな循環ということを単純に考えれば、日本に輸入した養分をまた生産地に戻すということだ。たとえば具体的に日本が、海外から輸入し、日本で消費したものを輸出するというのはバーゼル条約に抵触し、生易しいことではない。となると、別な手だてを考えなければいけない。そのひとつがエキシーが進めている食品リサイクルエコ発電だろう。これについては次章以下で詳述しよう。

いずれにしても、最終処分場にはキャパシティがあるし、一方で焼却処分するとダイオキシンの問題もある。ある意味では八方ふさがりといえる。そのなかで結局、ゴミの減量化をはかるとか、輸入量をできるだけ抑える形で循環型で国内で循環できるような生産に結びつけるような適正なレベルを保てるかどうかというところが問題なのである。

実際、弁当などに加工されたものをゴミとして扱うと当然塩分が高くなる。生のままなら、肉にしても、それほど塩分があるわけではない。かといって、生のものと加工されたものを分別するのも大変だ。加工食品の塩分が問題だからと、塩分を取り除いて肥料化しようとすれば、この工程が加わることによって肝心な肥料の価格が高くなり、採算点が合わないということになりかねない。

「実際には輸入をやめるというわけにはいかないでしょうね。ひとつの問題として畜産が非常にカギだと思うのです。畜産用の飼料は大量に輸入していますから。それを最終的には肉にしてわれわれは消費しているわけですが、たとえば飼料をわれわれの直接の食としてはどうか、あるいは、逆にゴミの一部をエサとして再利用できないか。

もちろんBSE（狂牛病）の問題もありますから、エサを食糧にすることはなかなか難しいのですが、それでもそういうルートをきちんと検査してクリアしていけば使えるのかということは、十分これから考えていかなければいけないことのひとつなのではないかと思います」と、犬伏教授はいう。

▼日本は環境先進国とはいえない

日本では二〇〇〇年は環境元年といわれた。実際、環境関係の法律も成立した。日本型の循環型社会を目指そうという旗印を政府自体も掲げてやってきているのだが、犬伏教授はまだまだ、日本の現状は環境に関しては発展途上だという。

「まだまだ意識が十分でないですし、それに対する行政の対応もまだまだだと思います。循環型社会の構築においては先進国はやはりヨーロッパですね。特にドイツとか北欧の循環型社会に対する意識はそうとう徹底していますし、行政も国から町、小さな村までかなり徹底していると思います。私は一五年前にイギリスに一年いたことがあるのですが、その時点ですら、すでに非常に細かいゴミの分別などが徹底していましたし、有機農業のようなものもどんどん発展していました。それから考えますと、日本は少なくとも一〇年は遅れているのではないかという気がします」

こうした状況を打破するには、エキシーのような環境ベンチャーに対して国がある程度投資をするというのがひとつの形だ。一方で、環境問題は消費者であるわれわれの責任であるという、環境教育の面について、市民の間に広く受け入れられるような方向にもっていかなければならないだろう。

日本の食糧生産は、この三〇年ぐらいのあいだに六〇%から四〇%程度へと落ちているといわれる。逆に、欧米諸国はどんどん上がっていて、ドイツは一〇〇%、イギリスですら八〇%に達しているということも、日本の今後の国としての広い意味での安全保障上の大きな問題である。

現在、生ゴミの肥料化については、有機資源協会を中心にしてどういったコンポスト化施設をつくるのかということの基準づくりが進められている。コンポスト化される過程で、たとえば、臭いを出してはいけないとか、重金属をどうチェックしていくのかというようなことも含めて、最終的にはそれをどのようにして、品質評価して使ってもらうのかということの基準づくりが行われている。

その一環として、この有機資源協会が中心になって、国際的なシンポジウムも開かれており、先進国ばかりでなく、アジアの開発途上国とも連携をとりながら、たとえば食糧を輸出する側・輸入する側の問題についても国際的な視野から考える機会が設けられている。また、途上国は都市化にともなう大きな問題を抱えているなど、国によって、それぞれのフェーズの違いがあり、そうした問題をお互いに学び合いながら、環境について考えていこうという機運は高まっている。

▼深刻な砂漠化問題

この地球の環境という場合に、大きな問題として砂漠化がいわれる。しかし、砂漠化と塩害が土壌学の立場からいうとほとんど同義語に近いということはあまり知られていない。

「もともと砂漠というのは、砂漠としてあるわけで、それは地球の水循環からいって、それは避けられないというか、逆にそこに雨が降るようにすれば別のところで降らなくなりますので、水の多い少ないというところがあるのですが、今問題になっているのは、砂漠が拡大しつつあるということです。たとえば、年間中国地方と四国地方を併せたぐらいのところが砂漠化しているとよくいわれます。

その原因には、人が入りこんでしまって家畜をたくさん放牧し過ぎてしまって本来の緑地が砂漠化してしまうということもありますし、あるいは大量に木を伐ってしまったことが原因で砂漠が拡大しているということもあります。

灌漑農業というか、雨の少ないところでも水を引いてくれれば持続的な農業ができるとはかぎらないのです。最終的にそこで使われた水は蒸発するわけですけれども、蒸発するときに水分子は綺麗に蒸発するのですが、溶けていた塩が結局地表に残ってしまう。地表が雪が降ったように真っ白になってしまうというところがよく世界中でありますす。それは今まさに砂漠化というか、砂漠が拡大した周辺領域で起こっているようなところなのです。

中東地域とかアメリカの西海岸から少し入った地域では、センターピポット方式といって、地下水を汲み上げて、円周状に灌漑をすることによって、砂漠のなかに忽然と緑の島がいっぱいできているところがありますけれども、良質な水はいずれなくなってしまう。化石水といわれるような地質年代に遡るような古い地層の水を汲み出しているわけですから、現在の水循環からすると、循環していないわけです。使い捨てになってしまって、結局そこに最終的には塩類化した土壌が残ってしまって、また次のところに移っていくというようなことを繰り返しているわけです」と犬伏教授は解説する。

これに加えて、塩分の多い肥料が使われることによってそうした肥料に含まれる塩分が土壌に滲み込み、それが地表に上がってきて砂漠化を進めてしまうということも見逃せない。

日本全体では、比較的優良な土壌が多く、問題土壌というのは四分一ぐらいしかないが、目を世界に転じると、ブラジルのセラードなどは、優良な土地が、わずか一％程度しかないといわれる。一方でアメリカ、ソ連などの大国・富める国には優良土壌が多い。世界的には、三分二は問題を抱えているという。

この土壌問題が貧富の差につながっているともいえるのである。国力とは、まさに農業力、ある意味では土壌の力といっていい。

「まさに地球全体がその飽和に達する以前に、南北問題というか地域の差のようなものが激化してくるでしょうから、養分の収奪をどうするのか。特に食糧自給率が四〇％だと、持たないということなのです。真の意味の循環型社会の構築を、日本国内でもきっちりできるように考えていかなければいけない。そういう意味では、たとえば塩分を含まないような生ゴミ堆肥をつくるとか、そういうことにもっと力を入れてもいいと思う。土壌というのはできるまでに平均数千年ぐらいの年月がかかっている。そういう意味では余計にこれから先が心配です」と、犬伏教授は将来への不安を語っている。

第四章

食品リサイクルエコ発電（GETS）の仕組み

▼肥料化より効率的なエコ発電

食品リサイクルというと生ゴミの肥料化が考えられるが、すでにふれたように塩害の問題が出てくる。

有機肥料でできた野菜は、たしかに甘くておいしい。しかし、生ゴミからつくられる肥料に農家が慣れていないということが土壌の塩害を引き起こしている面もあるようだ。肥料は毎日使うものではない。作付けの前や、いわゆる土壌改良として使用するものだ。ところが生ゴミは年間二〇〇〇万トンも出る。これを全部有料堆肥にしたとしても、とても使い切れるものではない。そうしたことから、せっかく肥料化された生ゴミが新たな廃棄物として蓄積されるという笑えない話も実際には起こっている。

油脂分が多いと堆肥にした場合、土壌を改良するはずの堆肥が、べちゃべちゃで堆肥にならず、使いものにならないというケースもあるという。一度、油や醬油で調理されたものは、その塩分などを取るのはほとんど不可能に近い。

かりに水洗いした場合でも、油が混ざった水は、きちんとした処理をしないと排水できない。二次的な害が出てくるからだ。

たしかに、食品工場から出てくる生ゴミで塩分の入ってないもの、油が入ってないものだけを一次発酵させ、さらに二カ月もかけて二次発酵させて堆肥にしているところは、うまくいっているというが、こうした例はむしろ希だろう。せっかく肥料化されても使い道がなく、焼却されている例のほうが多いともいわれる。しかも、そうしてつくられた肥料はコストが高いという問題もある。

ましてやコンビニの弁当箱、プラスチックなどは全部焼却に回される。ペットボトルはリサイクル法があるため再生産されるが、ペットボトルに食品が付着しているものに関しては、焼却するしかないのだ。

ヨーロッパでは、酸素を入れないで燃やす方法もできているという。密閉した容器の中で窒素を封入して熱をかけると、炎が出ずに燃える。そういったときに出てくるガスに多少の水素が含まれるが、酸素を使わないので二酸化炭素の量は、通常の焼却時に比べて大幅に少ない。その点では優れたシステムであるといえるが、容器に三気圧ぐらいかけ、八〇〇度ぐらいの熱をかけないといけないということで、これもやはりコスト面で問題がないとはいえないようだ。

そういうことで日本の場合、現状では、一部肥料として使われるケースもあるが、ほとんどが一般の燃えるゴミと一緒に焼却されているわけだ。

ただ、この焼却処理についても大きな問題がある。生ゴミの八〇%は水分だという点だ。焼却温度が八五〇度以下になるとダイオキシンが出てくるのである。ダイオキシンを出さないため、一二〇〇度といった高い温度で常時、炉を維持している。そのために高温維持できる炉に切り替えてもいるわけだが、こうした炉の切り替えにともなうコストもばかにならないのである。

エキシーの東京エコ発電センター長・洞口卓也氏はこう解説する。

「たとえば生ゴミでも、さっきの堆肥の問題で、食品工場から出るまじりっけのないような、出先のはっきりした、問題が発生したときの責任を取らせることができるものは堆肥にもっていってもかまわないと思います。土からプラスチックをつくる技術が出てきています。そういう新しい技術もあります。でも、大半のものは調理されて、厄介なものとして残っている。それを電気にしましょうと。ほかのリサイクルに関しても、生ゴミ処理機でも電気を使う。生分解性プラスチックでも加工時に電気を使う。さっきの高熱分解処理装置はもっとエネルギーを使います。それらを化石燃料や原子力でつくった電気で賄っているわけですね。大切な燃料を、リサイクルはいいことだけれども、使うのはどうか。そこで、そういう電気は同じリサイクルからつくろうというのが食品リサイクルエコ発電です。燃やさずにできるのはこのエコ発電だと思います」

▼残留物はわずか二%

そのエキシーの食品リサイクルエコ発電（ＧＥＴＳ）のいちばんの特徴は、生ゴミ収集の入口の段階にある。ＧＥＴＳは第一段階で、サテライトに内蔵されたタンクに生ゴミが貯蔵される。タンクは密閉式だ。生ゴミのいちばんの問題は、臭いであるとかカラスの害だが、密閉式のタンクに放り込む形なので、生ゴミが街角に放置されるということがないのである。

大規模なマンションなどでは地下部分にＧＥＴＳのプラントが据え付けられる。各戸から出る生ゴミは、エキシー独自のエアシューターで集めらる方法と、場所によってはディスポーザーで水と一緒にパイプで集めるという二つの方法がある。それを地下室等で、有機体部分いわゆるゲル状と水分を簡単に分離し、ゲルはそのままガス化の過程に運ばれ、水は養分を抜いてから再生し、トイレ、洗車、ガーデニング用水等

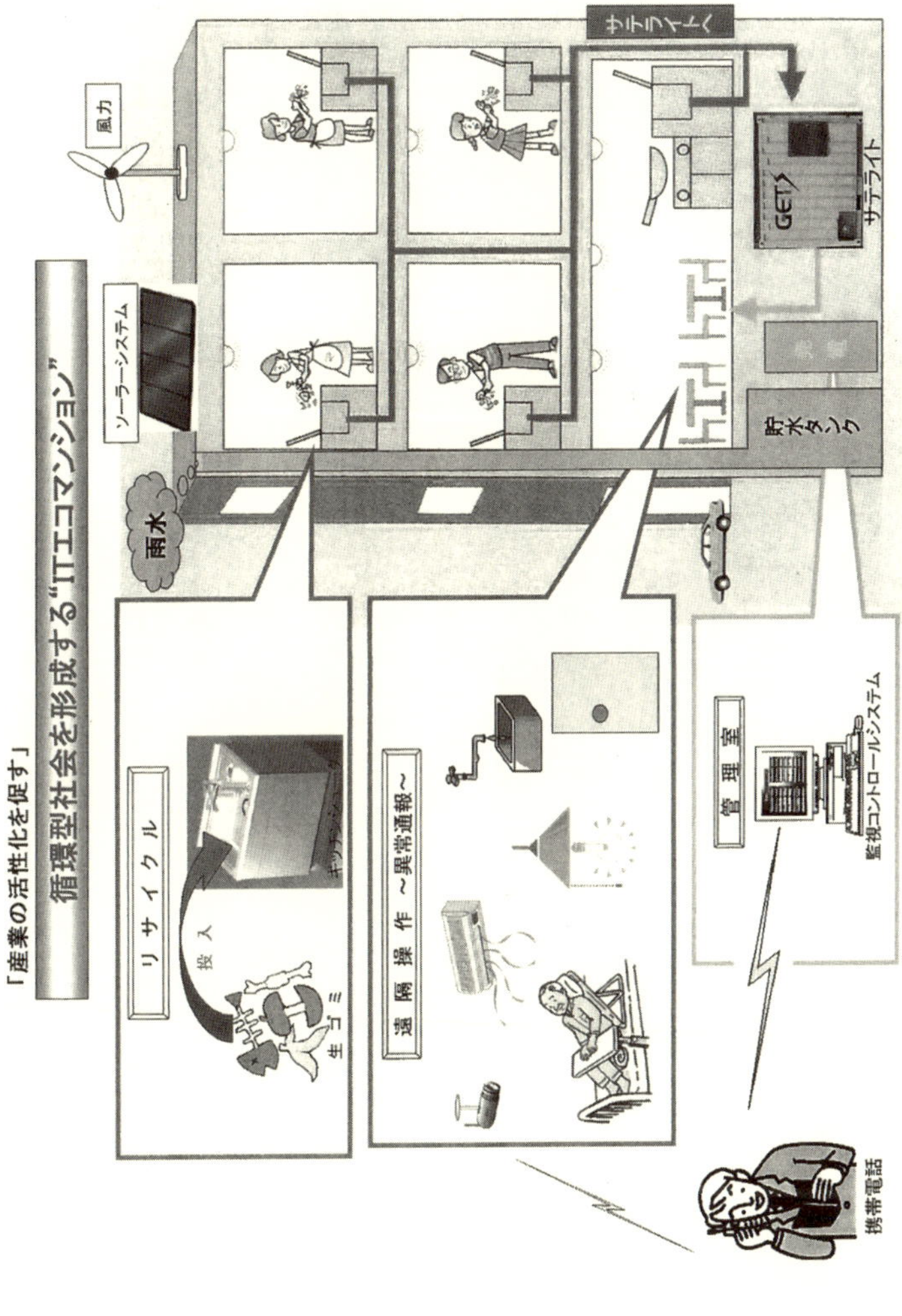
「産業の活性化を促す」
循環型社会を形成する"ITエコマンション"
風力
ソーラーシステム
雨水
サテライトへ
サテライト
貯水タンク
リサイクル
生ゴミ
投入
遠隔操作 ～異常通報～
管理室
監視コントロールシステム
携帯電話

として中水道に使うのだ。また、地震災害用水として地下に保存して置くことも大事なことである。

こうした大規模マンションは直接GETSプラントに生ゴミを直結できるが、戸別住宅などから出される生ゴミの収集の場合は、塀に設けられた小型サテライトに生ゴミを集めることによって、これからつくるニュータウンはパイプシューターで集めたり、既存住宅街はタンクローリーで集めたりすることによって、分別と集荷のシステムが確立できる。

このGETSについて、洞口氏はこう説明する。

「サテライトのタンクは、標準機種で二・四トン貯めることができます。これは事業系からの生ゴミを対象にしているからです。たとえばAホテルは、一日一二〇〇キログラいの生ゴミが出る。二・四トンのタンクだと二日に一回の回収で済む。それだけ生ゴミの回収車が走らなくてよくなります。作業時間も最短で二分という短い時間でしかも一人で済みます。タンクローリーで脱着式のホースでやります。そういうことを私どもでは生ゴミの液状化といっていますが、要するにマヨネーズ状態になります。生ゴミを瞬間にマヨネーズ状にして貯蔵するシステムをつくりあげたということが最

食品リサイクルエコ発電システム(GETS)［写真提供・エキシー］

大の特徴です」

エキシーでは分別機能付サテライトも開発した。たとえばコンビニエンスストアの戻り品などを、多量に人間が種分けするのは大変な労力が必要となる。そこで、食品廃棄物の分別を自動的に行える機械が必要だと考えたからだ。ところが、スーパーマーケットの環境担当者からしかられた。「こんなものをつくるから意識が下がるんだ」と。そうではなく、ちゃんと分別をして捨てるようにしないと環境に対する意識は向上しないし、経済的にも効率が悪いというのである。

たしかに、そのとおりだ。便利にすればするほど、廃棄物を出していることへの意識は低下していく。結局、分別機能付きサテライトは実質上お蔵入りのままである。

ところで、街角には大きなサテライトを置くわけにいかない。一般の街角に置くのは、小さい密閉式のゴミ箱である。そこにカードキーを付けて三〇戸なら三〇戸の人しか捨てられないようにする。カードを持っている人しか開けられないようにする。そして、トラックを使いゴミ箱交換という形で臭いがしないような形で持っていく。自治体にはこうした方式を提案しているという。それをサテライト、あるいは直接発電プラントに運ぶわけだ。

このサテライトに生ゴミを投入するときは、エアで吸い込む方式がとられる。生ゴミは水分が八〇%もあるから普通の方式ではうまく入らないのだ。いわゆる飛行機のトイレと同じ方式である。このサテライトで破砕し、撹拌して液状化される。

いずれにしても生ゴミの入口を決定づけることは、実際に食品リサイクルを行う上で非常に重要なのである。

ＩＴエコタウン構想を進める上で、まず解決しなければならないのは事業系の食品リサイクルだ。そのためのエコ発電のインフラを構築することが考えられている。

たとえば、大型スーパーマーケットは、一日一トン〜五トンの生ゴミが出る。また大型ホテルは、平均一〜三トン。一般的なホテルでも結婚式場をかかえたところは、それでも五〇〇キロ程度の生ゴミが排出される。さらに食品工場はこの比ではなく、四トン〜一〇トンも出るという。そのため、そうした事業系に関するインフラを先に構築することが緊急の課題なのだ。今後、行政が参加する段階になれば、現在焼却処分されている一般の可燃ゴミ処理に対象を広げていくことになる。その場合は、高層住宅についてはそのままサテライトを設置する形となるが、一般の場合にはどこかに集中サテライトが置かれる形になるだろう。

現在、地方自治体は、一トン当たり約二万円～七万円の処分費を税金で負担している。それを、たとえば一日二〇トンエコ発電に換えるだけで、行政は一日に四〇～一四〇万円浮く計算だ。事業系は事業者が経費を持つケースが大半だが、一般の生ゴミ処理は全部税金で賄っている。一日一〇〇万円の経費が浮けば、年間で三億六〇〇〇万円。経費を差し引いたとしても、約三億円が節約されることになる。それを福祉に回したらいちばん理想的な循環型社会を形成できるのではないだろうか。

▼エコ発電の原理

では、プラントに入った生ゴミはどのような過程を経て発電に使われるのだろうか。

液状化された生ゴミはプラントに入ると、まず貯留槽に保管して入量と消化量のバランスをとる。サーキットシステムといって、所定地域からタンクローリー車等で収集する方式。GETSの場合はベースが一日約二〇トン入ってくるから、それを順繰りにガス化の過程に送り込む。このメタンガス化とは何かというと、ものが腐ればガスが出る。昔、ドブ川でメタンがプクプク出ているのを見た方も多いはず。あれがメタンガスである。

「メタンが出るのは、発酵の原理です。このシステムではメタンの発生比率は六五％ぐらい。それにＣＯ２を改質器で精製し燃料電池を稼動させます。燃料電池は、電気と熱と水が生産できますので、二一世紀は自動車も住宅もほとんど燃料電池とソーラー等のハイブリッドエネルギーが主流になるでしょう。今、世界中の燃料電池メーカーと自動車メーカーから、技術提携の申し出をいただいており、燃料電池やガスタービンエンジンを共同研究して、工場用、住宅用、自動車用の開発を進めております」と洞口氏。

このサーキットシステムは当初スーパーからの生ゴミを前提に発想された。ところがスーパーや食品工場には定休日がある。もし資源が集まらない日の場合でも発酵過程を止めるわけにはいかない。そこで、各所に設置されたサテライトから集められた生ゴミによって、過不足や生ゴミの材質による性状が平均化して、発電所を安定して運営できるようにしている。このシステムは今後、地震災害などが発生した場合でも、様々な場面で生かされるだろう。もちろん、完全に生ゴミがストップした場合でも、他のガスでも発電できるように企業や自治体の要望どおりにセットできる。

簡単にいうと、ここまでがガス化の仕組みである。メタンガスを水素に変えてしまう。CH_4がメタンだが、それをHだけにする。こうして、生ゴミから取り出した水素を燃料電池に入れて、空気中の酸素と反応させるわけだ。この反応によって電気と熱、さらに少量の水も、これはH_2Oの純水で危険な水だが、エキシーのシステムではミネラルウォーターにして供給することができる。これが大まかな事業スキームだが、最大の特徴は、第一の目標であるゴミの収集の入口を確定させながら、燃やさずにエネルギー化できるということである。

▼こうして生ゴミは電気に変えられる

さらにフローチャートを見ながら、詳しく見ていこう。

第一過程の一時貯留槽では、メタンガス化するための装置が効率良く稼動するために、生ゴミの量と成分を均一化させるために収集過程で一定の性状に均一化する、いわゆるコンクリートミキサーのアレンジしたようなものです。いずれにしても発電所に入るまえには、第一過程の資源化を終えており、ジャストインタイムでバイオガスに変える仕組みになっている。

第二過程の加水分解層では、高分子である生ゴミ中の有機物に水を加えて水分率を調整し、酸生成を行い、メタン発酵層で低分子化する。

第三過程のメタン発酵層に低分子化されたものを給液し。メタンガスを多く含んだバイオガスを発生させる。また、有機物濃度で九〇%以上、BOD、CODで九五%以上が除去される。

第四過程は沈殿槽で、ここで有機ゲルを沈殿させる。

第五過程は排水貯留層である。沈殿槽で沈殿物と水分調整用に加水分解層へ戻したものの残りの排水を排水貯留層に一時的に貯留する。依頼主の要望により、中水道いわゆる飲用以外の水を供給することも可能だ。できるだけ、農業用の用途がコストがかからなく、液肥として二次的な副産物をつくって販売することも考えられる。

第六過程のガスホルダーには、各タンクからのバイオガスがそれ自身のガス圧でガスホルダーに貯めこまれる。このバイオガスはこのあいだに常温まで冷やされ含んでいた水蒸気を除去する。

第七過程は脱硫装置で、バイオガス中の硫化水素と硫黄系ガスを発電装置に支障をきたさないように、エキシー独自の触媒を使って取り除く。

▼システム全体が特許に

エキシーではこの食品リサイクルエコ発電のフローチャート、つまりシステム全体について特許はもちろん、特許は時間がかかることもあり、勝手に学会発表やインターネット営業されることも最近非常に多いため文化庁にシステム著作権も登録している。

「当社のフローチャートを無断で引用した場合は、即刻刑事事件として立件できるようになっており、すでに二社ほど謝罪と損害賠償で免赦した例があります。最近は大手企業のリストラが多いため、自分の存在感を会社に示すため、部署ぐるみで盗用するケースが増えており、捜査員が尋ねてきて会社が事態の大きさに気がつくというありさまです。最近も多額な損害賠償金で和解しました。相手方の弁護士は、争うことで仕事になるため、著作権というものを依頼人から聞かれても『大したことないですよ』と簡単にあしらう。新聞等に載って、あとになって社内がことの大きさに驚く始末です。特に最近は、日本も雪印事件以来、企業ブランドが大きく株価に影響するため、会社も弁護士ももっと知的所有権を実践で身につけるべきです」とエキシーの藤

◆システムフローチャート

資源処理量		20t/日
設備規模	発酵設備	20t/日
	発電設備	200kw

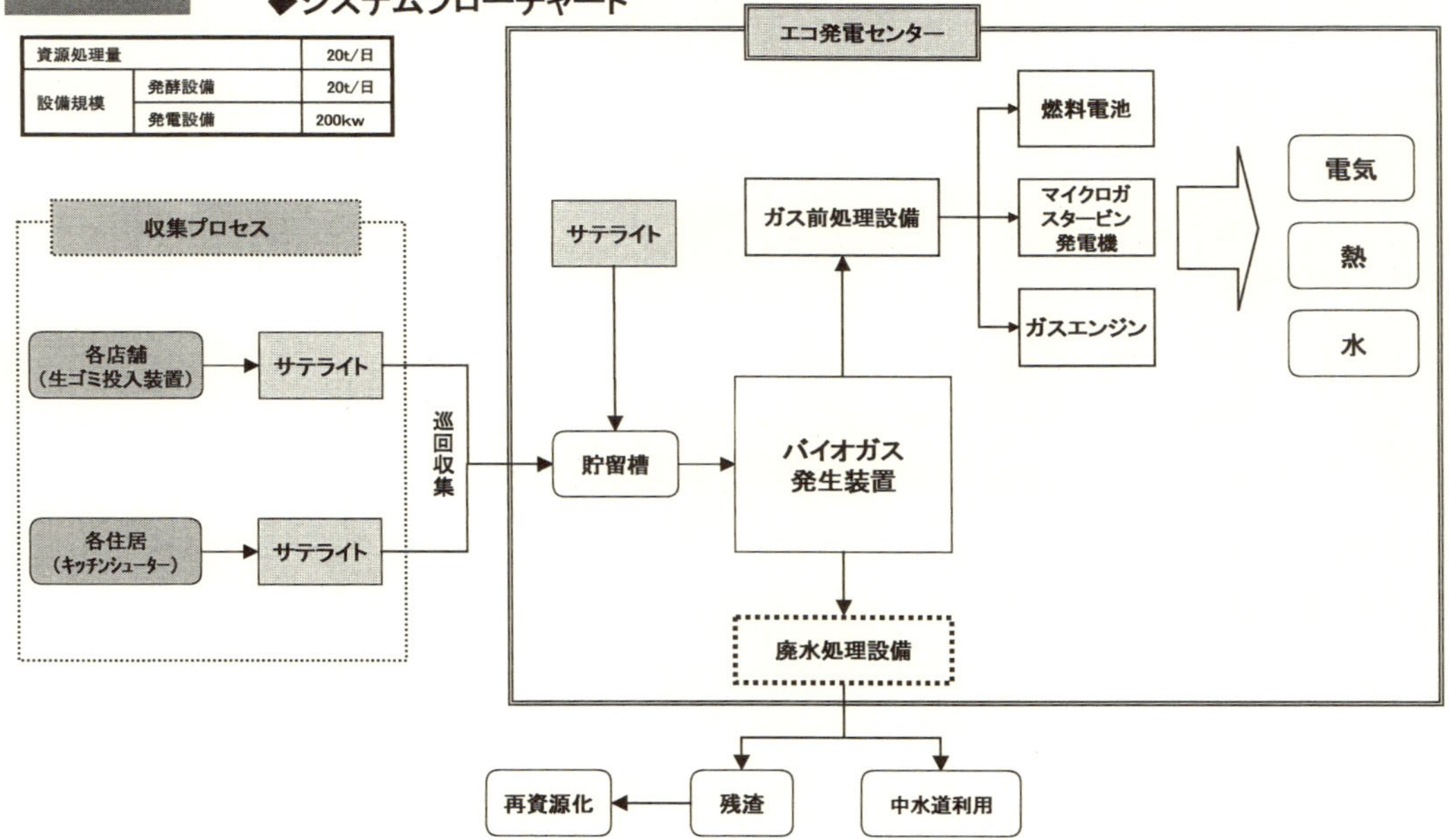

原社長は語る。

このGETSによる発電量は発電機によって変わってくるが、大体二〇トン装置で毎時二〇〇キロワット、一〇トン装置で、毎時一〇〇キロワット、二・四トンで毎時二五キロワットである。

二〇トンプラントの場合、一時間に二〇〇キロワットだから、一日四八〇〇キロワットの発電量になる。これは約四人家族の一般世帯で四〇〇軒分ぐらいに相当するという。

これは一般家庭が一日に使う電気を平均したとき、大体四〇〇軒分になるという計算だが、孤島で、燃料電池が一個しかなく、電力会社からまったく電力の供給がないというケースでは、四〇軒ぐらいしか賄えないだろうという。

エコ発電では電気が取り出されるだけではない。発電機から熱も回収できる。この熱は、実際温水シャワーとや暖房などに使われる。発電後の処理水は二〇トンを処理した場合、一六トンほど出る。さらに処理できずに残った無機残渣物だが、実際には二〇トンの処理で二%ぐらいしかないという。

▼処理に困る大量の牛乳もＯＫ

ところで、実際にこのプラントに入ってくる生ゴミは、食品工場の場合はある程度食材が特定できるが、家庭から出される生ゴミの場合、いろんなものが入ってくる。それこそ塩分の多いものだとかニンジンの切りくずもあれば、カレーライスの食べ残しもある。そういうものが混ざっても問題ないのだろうか。これについて洞口氏はこう解説する。

「家庭から出てくる雑多なゴミであれば問題ありません。私どもがいちばん得意としているのは、食品工場からのものです。というのは、家庭から出てくるゴミは、多くまとめてしまえば、結局、こちらで破砕してしまうので、平均的なものになる。ところが、食品工場の場合は、以前もあったのですが、モヤシだけ四トン運び込まれるというケースがあるのです。それだと有機物の濃度も変わってきます。基本的に、モヤシであれば、肉に比べて有機物の濃度が、要はカロリーですが、カロリーが低いので問題なく処理はできます。ただしそのあとのガス化のほうで、出てくるガスが少ない。それらがサテライトで均一化できる。

たとえば今やっているのは、食品工場からうちのプラントを検討したいといったときは、予めサンプルを送っていただき、研究所で分析して有償で発電シュミレーションをする。どのぐらいのガスができて、このぐらいのプラントになるというシュミレーションをして提案をしています。業界がいちばん困っていたのは油です。たとえば揚げ物の油で植物油が大量に入ってくる場合は、油の分解装置を別に設けて、処理を可能にしました」

たとえば、今何かと話題になっている牛乳のエコ発電での再利用はどうか。

「牛乳は非常によいエネルギー源になります。問題ないと思います。牛乳は、一般の排水処理処理設備では脂肪が多すぎるということで絶対処理してもらえません。以前、牛乳の大量処分が必要になったことがありますが、このときは、大阪の業者一社だけ手を挙げて、そこで燃やしているそうですが、現状では、それしか方法がないのです。汚泥処理というのがありますが、ほとんどの場合、生物処理です。ところがその生物では対応できないのです。濃度の問題で牛乳を入れると菌が足りなくなる。牛フンなどと比べて牛乳は濃度にして、一〇〇〇倍といった濃さですから。しかし、エキシーのエコ発電システムでは問題ありません」

エキシーでは生ゴミを収集するサテライトに工業用携帯電話レディコンを設置しているのも大きな特長だ。

「カラスが突っつけないように密閉式のタンクにしていますので、タンクのなかは見れません。そこで、超音波の壁面センサーで、どこにたまっているか計っている。画面で見ていて、このサテライトはいっぱいになったから取りに行こうと。一日一トン出すのだったら二日に一回、五〇〇キロだったら四日に一回。それだけ配車を少なくする。故障が起きたら、これは早急に対処しなければいけない。そこで、どこが故障したかというのは、センサーによって画面に報告されます。たとえば不特定多数の方が捨てる場合、扉の管理をしなきゃいけない。扉が開いている。開けっぱなしという情報だけだと現場の誰かに電話をして締めてくださいといえます。ところが、重症な故障が起きた場合は、今ある生ゴミを引き取らなきゃいけないかもしれない。そういう例も出てくると思います。その対処もしなければいけない。これまでのゴミの車を用意して一緒に行かなきゃいけない。故障した個所は画面でわかりますので、その部品をもっていってそこの修理をすればいいのです」と洞口氏。

▼災害時の電力供給に役立てる

このエコ発電システムは、災害時に地域社会に大きく貢献できることも、注目される点のひとつである。

たとえば、大型の地震が起きた場合を考えてみよう。このときには、生ゴミの供給はおそらくストップするだろう。しかし、すでに貯蔵された生ゴミで一週間ほどはエネルギー生産が可能だ。そのあいだは電気の供給ができる。こうした災害時にエコ発電プラントで、外向きにコンセントを付け換えれば、たとえば携帯電話への充電や病院などで自家発電では間に合わなくなったようなケースにも対応できる。概算で一斉に約十万台の充電ができる計算になる。それから、東京都が今いちばん問題にしている災害時の歩行帰宅難民へのケアに対しても、病人の医療用インフラ、風呂、水、トイレなどのあらゆるインフラをカバーすることができる。

環境問題の解決で大事なのは、ゴミを分別するという基本的な考え方である。洞口氏がいうように、分別意識が徹底されないと、いくら効率的なエコ発電システムでも収集段階で膨大な社会的コストがかかってしまうのである。

「欠点といえば、どんなに土地が安いからといって、山のなかにつくって、インフラの供給先がないところはお断りしています。病院やスーパーのようなできるだけ二四時間、空気・熱・水を使うところに設置するのがコツです」と洞口氏。

第五章

エコ発電への道

エキシーの挑戦

▼一トンの生ゴミから二四〇キロワットを発電

二〇〇一年五月から「食品循環資源の再生利用等の促進に関する法律」いわゆる「食品リサイクル法」が施行された。現在、日本全国で排出される生ゴミは年間二〇〇〇万トンにのぼるという。循環型社会構築に高い関心が寄せられるなかで、生ゴミの再資源化は避けて通れない重要な課題となっている。

こうしたなかで、「食品リサイクルエコ発電システム（GETS）」を開発して注目されているのがエキシーだ。

このシステムは、前章で詳述したように、生ゴミの八〇%から九六%が有価値資源であることに着目、生ゴミを現場で粉砕・液状化した後、パイプで収集し、独自のバイオガス生成装置で水素ガスに精製、その水素と空気中の酸素を燃料電池で化学反応させ、燃やすことなく電気エネルギーや熱エネルギーを生み出すという仕組みで、一日に一トンの生ゴミを一日二四〇キロワットの電気に換える画期的エコロジーシステムである。

「このプラント設備は、ショッピングセンターやホテルの地下に設置できる大きさ。

これらの施設から一日に出るゴミの量が平均一トン程度なので、ちょうど良い容量です。また、一日に二〇トンで四八〇〇キロワット発電する集合タイプもあり、現在各地でスーパーやコンビニ、ホテル各社が中心となって食品リサイクルエコ発電センターを発足させ、全国に組織展開中で、約一〇万人の雇用が生まれます」とエキシーの藤原伝夫社長は語る。

現在このシステムを取り入れたエコ発電センターを、全国の電力会社、ガス会社、収集事業者などの協力を得て一〇カ年計画で進めている。発電センターの数で五年間に九二カ所、一〇年間で一二五〇カ所つくりたいという。一〇年後の発電量は年間で二一億九〇〇〇万キロワットにもなる計算だ。二〇〇二年五月には東京で第一号のエコ発電センターが完成、国内外約一五〇〇の団体から研修見学の予約申込みを受けているという。

「現在、二〇〇〇万トンの生ゴミをこのシステムで発電すると、石油換算で、一万八〇〇〇キロリットルの代替エネルギーに相当し、また、生ゴミと排水汚泥の合計五〇〇〇万トンだと四万五〇〇〇キロリットルの石油代替になる。この発電システムが普及すると、中東情勢に一喜一憂することもなくなります。また、地球温暖化防止につ

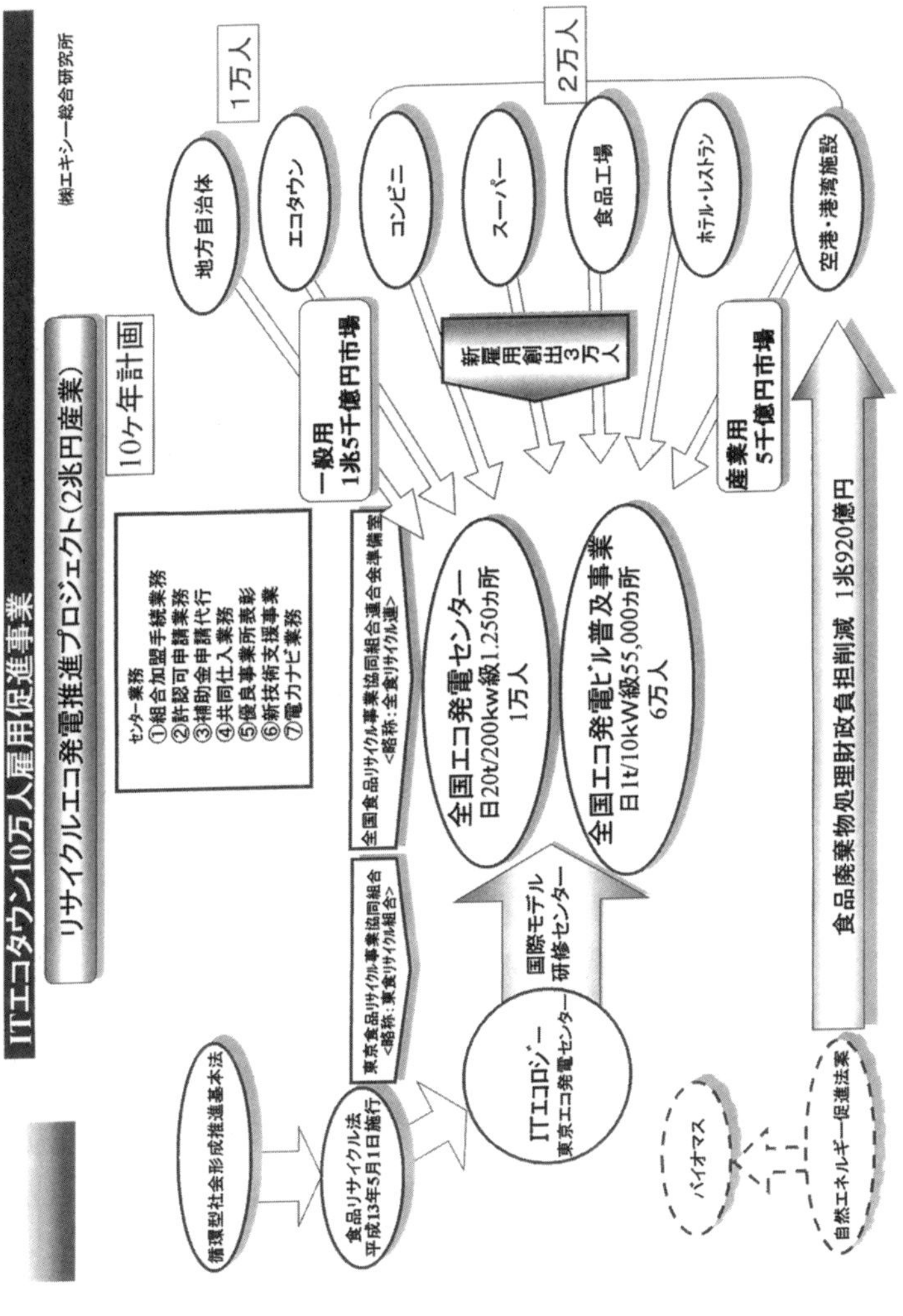
ITエコタウン10万人雇用促進事業
(株)エキシー総合研究所
リサイクルエコ発電推進プロジェクト（2兆円産業）
10ヶ年計画
センター業務
①組合加盟手続業務
②許認可申請業務
③補助金申請代行
④共同仕入業務
⑤優良事業所表彰
⑥新技術支援事業
⑦電力ナビ業務
循環型社会形成推進基本法
食品リサイクル法
平成13年5月1日施行
東京食品リサイクル事業協同組合
<略称：東食リサイクル組合>
全国食品リサイクル事業協同組合連合会準備室
<略称：全食リサイクル連>
ITエコロジー
東京エコ発電センター
国際モデル
研修センター
全国エコ発電センター
日20t/200kw級1,250ヵ所
1万人
全国エコ発電ビル普及事業
日1t/10kW級55,000ヵ所
6万人
一般用
1兆5千億円市場
新雇用創出3万人
産業用
5千億円市場
地方自治体
エコタウン
1万人
コンビニ
スーパー
食品工場
ホテル・レストラン
空港・港湾施設
2万人
食品廃棄物処理財政負担削減　1兆920億円
バイオマス
自然エネルギー促進法案

ながる二酸化炭素も約一六一万トンの削減が可能となります」

▼スーパーのニチイ会長・小林敏峯氏に見込まれスカウト

この食品リサイクルエコ発電システムを開発した藤原氏は、一九四九年二月宮城県生まれの五三歳。六七年自動車工学学校を卒業後、日通商事のゼネラルモーター部に入り、米国車の日本仕様改造と部品の現地生産ライセンスビジネスを研究。この間、カークーラーやカーステレオの国産第一号試作に参画したことが、のちに触れる〝文化創造技術集団〟をつくる大きなきっかけになった。車をはじめとする公害問題が世に出始め、自動車排気ガス規制に対する重金属対策や触媒の研究開発、水道水の発ガン性研究の一環となる高度ミネラル飲料水供給システムやゴミ問題は、超臨界技術の一〇〇%リサイクルシステムの研究開発に、エンジニアリングの頂点といわれる宇宙ステーション研究をとおして参加してきた。

こうした藤原氏の開発力に注目したのがスーパー・ニチイ（現マイカル）の創業者・小林敏峯会長（故人）だった。スーパーからは毎日膨大な量のゴミが出る。このゴミの処理費が年々膨張することと、スーパーの開店許可にゴミの店内自己リサイク

（株）エキシー総合研究所

エコ発電（燃料電池）環境会計値〔10ヵ年計画〕

200kw/h発電システム

発電所数	発電量	財政負担軽減額	CO_2削減量（年間）
5年92ヵ所	16,184,000kw	200億円	117,333t
7年329ヵ所	576,408,000kw	720億円	440,000t
10年1250ヵ所	2,190,000,000kw	2,730億円	1,613,333t

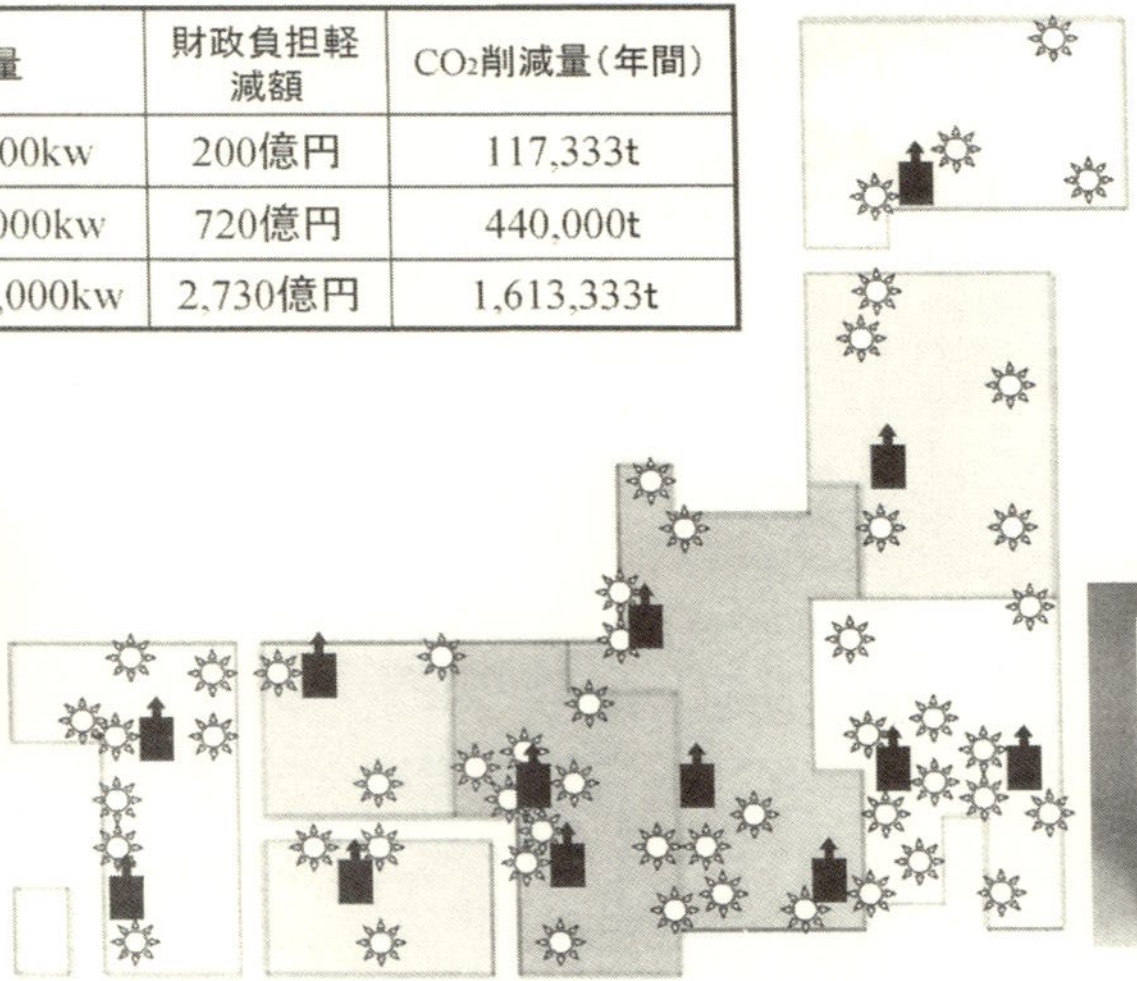

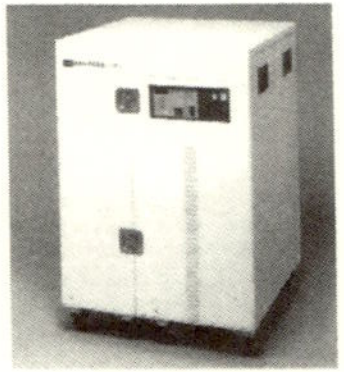

ルが義務付けられ、「たかがゴミ、されどゴミ」で新店舗を計画してから一〇年以上もゴミが原因で開店できない物件が何件もあり、全社的には大変な金利負担に頭を痛めていたのである。スーパー業界の二一世紀を見据えた日本独自の循環型流通社会をつくってほしいというのが、小林氏の要請だった。

▼宇宙ステーション用に生ゴミから水を精製

「宇宙船で最も重要な問題は飲料水なんです。蒸留水や精製水というのは、人間がいわゆる飢餓状態のとき飲むと、骨がスカスカになったり、牛乳瓶一本で死ぬ場合があるんですよ。だから、雪山で遭難しても、絶対雪を食べてはいけない。あと断食中の人は、絶対白湯（さゆ）というか、湯冷ましは飲んではいけない。金魚でも、湯冷ましに入れると簡単に死にますよ」

さらに思い出したように「そういえば、名水百選なんていう言葉が出始めた一九八〇年頃に馬鹿な実験をしました。水の良し悪しを議論してもらちが明かないので、金魚に選ばせれば一目瞭然と……蒸留水、水道水、湯冷まし、大手酒造会社S社のミネラルウォーター、エキシーウォーターを各々一八〇ｃｃの牛乳ビンに入れ、そのなかに金魚を入れて、どの水が一番長生きするか試したんです。……答えは、早い順で蒸留水、湯冷まし、S社ミネラルウォーター、水道水、エキシーウォーターの順で、蒸留水は一〇秒もしないうちに、ビンから飛び出してしまった。最長のエキシーウォーターで七日くらい生きていましたね。

二〇〇六年くらいに予定されている巨大な宇宙ステーション計画があります。これは世界中の協力でつくるもので、日本はライフゾーンを担当しています。私は若い頃から水が腐らない装置の開発に仲間同士で取り組んでいたのです。そんな折り、たまたま読んでいた新聞に、宇宙ステーション開発では、オシッコや排水から蒸留水をつくり、その蒸留水を活用して飲料水や調理水、植物栽培、魚の飼育等様々な用途に再利用する実験をしているが、すぐ腐ってしまうので世界中から技術情報を集めているという記事が出たので、試作をつくって売り込みに行ったこともあります。二七、八歳でしたかね。私のつくった装置では、蒸留水から淡水に変換し、魚も二年〜三年でも安定して生きていました」

宇宙ステーションではゴミとか人間の糞尿などをそのまま捨てることはできない。いきおい一〇〇%リサイクルせざるをえない。そのリサイクルの研究に日本は取り組んでいた。平成一、二年のことだ。その難題に取り組む研究会があった。企業や個人（学生を含めた）のサークル活動である。今注目されている循環型社会の走りのような勉強会だった。

当時、藤原氏は大手エンジニアリング企業数社の顧問も兼ねながら、水処理装置の設計や施工会社数社を運営していたが、何回も失敗したり倒産も経験してきたという。

さらに、生ゴミから水を精製する技術も具体化していた。

「一〇〇気圧の圧力をかけ、三〇〇度の温度をかけると、生ゴミは全部水分になるんです。この原理は昔から有りましたが、誰も実証していなかったものを日本の著名な宇宙技術者が試作実験に成功し、関係者で知恵を寄せ合って世界最初のパイロットプラントをつくり、実証して見せたんです」と藤原氏。

「スーパー・ニチイの会長にお目にかかったとき、環境関係のプロデュースをやってますとお話した。たまたま自己紹介のときに、ゴミ処理装置とか、海水を淡水化する装置特許で、世界で一番小さな海水淡水化装置の話になったのですが、サウジアラビアなんか行くと日量何百万トンでしょう。それなのに僕はこんなにちっちゃなやつをつくったんですよ。それを見せたらびっくりしましてね。あの人は本当に技術的なことになれば、世界の最先端技術まで全部勉強してましたから。こんな一匹狼が、こんなものをつくれるわけがないということで、目の前で実験しましたら、『君は、こんなとんでもない商品を世に出すのに資金がないだろう』『ええ、ありません。いつも発明貧乏で特許料の支払いに追われて、七転び八起きの人生です』っていったら、うちでつくっていいと」「そのかわり海を汚すようなものつくったらしょうちせんで」のひと言に日本にもこんな経営者がいたんだと。

▼海洋深層水との出会い

もっとも、本体では反対が起きる可能性があった。そこで藤原氏に思う存分開発の仕事をやらせるには新会社を興した方がいいと小林氏は考えた。

いったん、ＰＤＣという環境関係の関連会社に席をおき、小林氏は新会社を藤原氏のためにつくった。その後、小林氏は体調を崩し入院してしまう。

「小林会長がいなくなり、批判が本社内から出てくるようになりました。だけど、会長がいったことは今でも全部当たっています。必ず流通業は斜陽の時期が来る。そのときにシャッター閉めているときでも在庫の要らない時間消費型ビジネスをしろということは、その当時書いた手記に結構残ってます。その一環として環境問題をクリアしなければならなかった。『そういうことを全部総合的にプランニングする社員がうちにおらんのや、お前やれ。これは中内さんも堤さんもチャレンジしたがうまくいかなかった。スーパー・ニチイでやれとかどこでやれとかという問題やない、日本のチェーンストアのためや』と会社の近くの焼き鳥屋に呼び出されていわれたことが脳裏から離れません。このときに企画立案したのが今日のＩＴエコタウンの原点です」

ところで、九三年グループ企業の環境顧問として招かれた藤原氏は、高知県との海洋深層水共同プロジェクトにおいて、人工血液事業等一兆円規模の知的産業県としての企画を橋本知事に立案してもいる。

「シーモルトというひとつの原理があります。人工臓器移植とか、人工血液です。たとえば人間の血液と、海の水、胎児のための羊水というのは全部ベースが一緒なんですね。それをいかに自然に近く人工的に大量生産できるかという技術です」

人体の七割以上は水分である。しかし、この人体に合った水分はそう簡単につくれるものではなかった。人工臓器移植保存液のトップメーカーにデュポンがある。デュポンの人工臓器移植保存液は人工血液と類似したものだが、二四時間しかもたない。

それを藤原氏たちは四八時間ぐらい持つものができそうだというめどが、国内大手製薬メーカーとの基礎研究で目鼻がついていた。四八時間持つということは世界中の臓器移植のネットワークが可能になる。それまでそれができなかった原因は、主成分の水だった。

ところが、人間の三位一体に非常によく似た成分が海洋深層水から採れることが分かったのである。デュポンの人工臓器移植保存液は一リットル約五万円といわれる。これが海洋深層水でできるとなると、高知県にとっては大きな知的産業になる。橋本知事にとっても、世界に誇る高知県の産業として海洋深層水の重要性を打ち出せる。

この海洋深層水を事業化するということでスーパー・ニチイの関連会社と高知県とのあいだで調印も行われた。

しかし、「海洋深層水」のプロデューサーであった藤原氏には一抹の不安があった。

「やっぱり関係者の権利をきちんと守って、意匠、商標、特許等の知的所有権を守っていかないと、事業は潰れます。ところが、タンクローリー車で深層水を地元の酒屋さんが汲みに来ると。『申しわけない、地元の方だからついつい渡しちゃいました』と、簡単にただで渡しちゃうんですよ。どんどんみんなただで渡してしまう。やっぱり県民からはお金を取れないという発想が県の事業なんですね。ビジネスマインドがまったくないんです。そのために、価値のアピールもできないんです。

これ以上やっていくと、たぶん偽物が出てくるだろう。名前だけラベルに貼って、『海洋深層水焼酎』とか、『海洋深層水化粧品』などが出回ったときに、素人は分からない。本当の海洋深層水を使っているかどうか、分析も相当難しいですからね。そうなると、こちらの投資の採算が合わなくなる。これはちょっと危険ですよということをいったときに、関係者のなかで知的所有権ビジネスの本当の理解者はやはり小林会長一人でした」

藤原氏が商標登録などにこだわったのは、何も利権を独占したいということだけではなかった。

薬事法が頭にあったのである。民間の企業が薬をつくった場合は、薬事法をクリアすることは第一優先でやる。ところが主催者が県や国で、そういう意識が薄いことに危惧を持ったのだ。特に日本コカコーラ社との国際的新商品発売も計画していた。

「薬事法違反というのは、私自身、商品開発をしたときに神経質なほど気を使ったものです。もうひとつは、商標登録がされていないので、海洋深層水というのは、高知で金をかけて、スーパー・ニチイが金を投資して有名にしても、沖縄でもやっています、富山でもやっていますと。これは企業としてはいちばん危険なことなので、知的所有権管理と権利行使投資を全部スーパー・ニチイグループがやるんだったら、私は継続してやってもいいけれども、世界に向けた申請をしちゃいかんというんだったら、私は一切手を引きますと反対したのです。その頃からズケズケとものをいうので、まわりから嫌われましたね」

海洋深層水については、三〇〇メートルの深海から汲み上げているのは、科学技術庁だった。その汲み上げられた水の研究開発をやっているのが県だ。結果的に、何か起きたら、総合コンサル業務を請けた責任と信頼性が問われかねないからである。

▼ゴミ処理問題解決のための処理装置の開発

ちょうどそんな折り、ダイオキシンが社会問題化し、リサイクルがグループ内の最優先課題となり、藤原氏はその解決に専従することになり、海洋深層水からは手を引かせてもらった。

それには、こんなエピソードがある。

「スーパー・ニチイの関連会社に籍を置くことになって、形ばかりというので経歴書を書いたのですが、そのなかにゴミ処理装置の開発も手がけたという下りがあったのです。それを見た小林会長が、じつはゴミ処理問題で店のオープンができずに困っているというのです。スーパーは店のなかで出したゴミは全部自己完結しなければなりません。ビン・缶・ブラスチック類は処理方法があるが、生ゴミだけはどうしても処理できないというのです。それが今、社会問題になっていて、一〇年前に開発を始めたスーパー用地が、もう五年も六年も出店許可が下りない。その原因がゴミだったわけです。私はそれまでそれを知りませんでした。スーパーで出るゴミがそれほどの社会問題になっているというのは。

スーパーを建てるために購入した土地が寝かされたままになっていると、金利がどんどん増えていくわけですね。その原因はゴミなのです。会社の経営基盤としては何十億も払って買い、それから準備して、一年でも二年でも早くオープンしなければ金利が嵩んで行くばかりです。ましてや、五年も十年も出店が延びるとそのコストは膨大なものになる。本牧がそうです。そうとう昔からあそこにスーパーを計画していたのですが、結果的にできたのが、計画を立ててから十何年経っているのではないですか。こうしたことはスーパーだけではなくて、都心の六本木六々計画も結局、テレビ朝日の跡地に五八階建てビル等の総合センターをつくっているけれども、あれもプランが出てから三〇年ぐらい経つのではないでしょうか」と藤原氏。

そうした市街地に建設を進めるときに、いちばんネックになるのがじつはゴミ収集なのだという。ゴミを運ぶパッカー車の出入口は反対側につくってくれ。それによって自分のマンションの価値が下がるのは困るというので反対が起こる。もちろん反対側の住民もこちらに出入り口をつくられてはかなわないと反対する。そんなことで、いつまでも解決しないわけだ。

「そこでたまたまそういうゴミも全部店舗のなかで（当時はまだ発電までいってなかったですから）すべて水にして水を再利用できるという話を小林さんにしたら『ちょっと待て』と。ゴミ処理の開発を先にやれと。このゴミ処理が本牧で問題になっているというのです。『まず会社が一番困っている問題を先にやってほしい』というので、ゴミ処理の開発に取り組むことになったのです」

ゴミ処理について予算も出て、本牧の用地に、熱と圧力をかけると水になるという超臨界処理のパイロット装置をつくった。これは世界で初めての装置だった。

平成八年の五月のことである。

▼役員会は総反対

これで、ゴミを水にするという当初の課題はクリアした。そこまではよかったのだが、そこでさらに問題が起こった。

というのは、水にしたあとお金をどこからも貰えないということだった。リサイクルというのは、リサイクルした結果なんらかの収入がなくてはならない。生ゴミを肥料にするにしてもそうだ。その質は別として、肥料が売れなくては意味がない。かえってコスト要因になってしまうのだ。消滅では困るのである。

このときのプロジェクトチームが開発した生ゴミ超臨界水分化装置は飲用にも使えるものだったが、ゴミから出たというので、これを飲もうという人はいない。実際には花を栽培したりという予定だった。

そこで出てきたのがゴミ処理装置の償却のための収入源をどう確保するかという問題だったのである。

この新たな問題を解決するために、藤原氏が注目したのは海外の事例だった。

「特にヨーロッパ……ドイツあたりに行くと、発電をやっていたのです、ゴミで。まだ商品にはなっていなかったですね。ディーゼルエンジンで発電するというのはあったんですよ。車のエンジンと一緒で、燃やすわけですが、これでは音もうるさくて、スーパーなどにつけられるものではなかった。ただ、電気ということがヒントでした。生ゴミから電気ができるんだなと。田舎なんかに行くと、升のなかに糞尿を入れたりゴミを入れておくだけで発酵して、メタンガスが出る。中国ではこの方式のメタンガスを発生させる糞尿の桶が五〇〇万カ所あるそうです。そこに上から笠を被せて、ホースで引いて、蝋燭みたいな器具で家事に使うという仕組みです。

ドイツでは、牧場など広い敷地があるので、それよりもっと規模が大きくコンピューターで管理しながらやっていたのです。まだ正式には機械化されていない。それで、糞尿などを入れて、発酵させてメタンガスを取り出しディーゼルエンジンで発電するという発想なのです。ものすごく広大な牧場ですから平気なんですよ。その原理を今度スーパーの施設、地下に入れるという形にしなければいけないので、相当コンパクトにしなければいけないというのが、課題になりました」

ドイツへ行って、生ゴミから電気をつくるという発想は得た。考えてみれば、生ゴミを水にするというこれまでの方法でもゴミに熱をかけて圧縮する段階でガスが出ていた。しかし、ガスを商品とは思っていなかった。抽出した水を使おうということしか頭になかった。藤原氏の当初の生ゴミ処理装置はもともと水処理から来た技術なので、ガスについては価値がないとして利用は考えていなかったのだ。しかし、水よりもガスの方が価値があるということをドイツで悟ったのである。それまでは飛ばしていたガスを、今度は発電に使おう。ところが、その開発のための予算を足してほしいという藤原氏に対してスーパー・ニチイの役員会は騒然となった。

「とんでもない。結果も出ていない開発にこれ以上の予算は出せない。ましてや、ゴミから電気をつくるなんて馬鹿な発想に、会社はこれ以上バックアップできない」というのだ。役員は全員反対だったが、賛成したのはここでも小林会長一人だった。

「先にもいったように、もともとは発電ということではなくて、超臨界いわゆる高圧水分化処理というのですが、一〇〇気圧をかけると、生ゴミは水になる。それを下水に流すという装置だったのですが、これでは収入が入らない。そこで、ただ水にするのではもったいないから、それを電気にすれば、収入になる。自家発電にすれば、地震なんかがきたときでも、最低限一週間くらいは、自分ところの施設の照明なり、生活に必要なインフラは賄えるだろう、という発想をしたのです。

小林さんは一〇〇億円位の事業を見込んでいましたが、いざはじめると関係者やメーカーは半信半疑なんです。燃料電池をゴミに使うなんてとんでもない。絶対できるはずがないといって、最初はみんな反対でした」と藤原氏は当時を振り返る。

▼発電システム開発で独立

「電気にすればもっと凄い商品になるというのはメーカー関係者は理解できる。ところが流通業の人というのはそれが分からない。なぜかというと、でき上がった商品の結果しか見ていない。商品開発段階から派生する様々な発見や権利は計り知れないほどあり、開発から流通までを一貫して制覇した場合は、市場価格を自ら設定でき、安売合戦に落ち込まずに済む。役員会で話してもとうてい無理な相談だということに気がついたのです。ならば、自分でやったほうが早いのではないかと。技術的追求点が分かった、コスト分岐点も分かった。あとは怖いものはない。生ゴミを全部電気にしたら、その電気代で機械を償却できる。だけどそれを理解してもらえたのは会長と、もう一人の通産省ＯＢの役員が賛成してくれました」と藤原氏。

藤原氏の生ゴミの発電システム開発はこうした背景があった。しかし、以上のような経緯で、このシステムは当時の役員会の反対で実現できず、何としても食品リサイクルエコ発電を立ち上げるためと、スーパーのシャッターを閉めているあいだでも収入が入る二四時間営業プランを世界で最初に実現させるため、現在のエキシーを設立したのである。

藤原氏が開発した「食品リサイクルエコ発電システム」はスーパーや食品工場などで出たさまざまな形状の生ゴミを「サテライト」というボックスで、瞬時にいったん液状化してしまう。そのため、タンクローリー車での回収は、一人ですむ。

生ゴミも食品工場から出てくるものは問題ない。調理していないため塩分が入っていないからだ。ところが、ホテルやスーパーから出る生ゴミは調味料が入っている。調味料が入った食品は、食品リサイクルで肥料にしようとしても塩分や油分が強すぎて肥料には向かない。これが生ゴミ肥料化の大きな問題になっているのである。

ところがエキシーのサテライトで液状化して貯蔵すると、この問題はクリアされてしまう。その液状化された生ゴミを最寄に設けられたエコ発電センターにタンクローリー車で輸送し、そこにバイオガス化し、そのバイオガスから水素を精製し、燃料電池で発電する仕組みだからだ。ガスの発生までは約一五日間である。また、予算に応じてガスタービンエンジンを用いる場合もある。

▼生ゴミ収集のサテライト方式を開発

このガス発生段階でも藤原氏は近代技術を駆使した。温度管理も、液状の状態、PHなど液状化された生ゴミの各性質をエキシー独自のセンサーと携帯電話管理技術を駆使してコンピュータですべてを管理する。ガス化した分については次の行程へ持っていく。ガス化が十分でないものについては、再び発酵の工程に戻される——というように常にコントロールしながら均一な状態をつくっているのである。

エコ発電を標榜するところは少なくない。しかし、エコ発電で残った最後のカスが、何%出るかでそのシステムの効率の優劣が分かれる。エキシーの場合は、最後の最後まで工程から有効成分を抽出するため、残渣はほとんどといっていいほど残らない。他のエコ発電では、五〜六〇%残るというものがあるが、これは完全にバイオガスにしてしまうという技術が不十分なためだ。

「現在、日本で一番問題になっているのは牛乳です。賞味期限切れの牛乳は従来、加工食品に再利用されていましたが、雪印事件以来、各社とも廃棄処分するようになり、今はすべてパッケージごと焼却処分されている。古来の人々が、腐った牛乳からヨーグルトやチーズというものを発見し、何百年という歴史のなかで培われてきた加工乳製品の歴史は、この雪印事件によって、飢餓状態の難民が知ったらなんてもったいないことをしている人種がいるとして、ひんしゅくをかうことをやっている。この人類学的哲学的な問題ともいえる賞味期限切れ牛乳の処分についても、エキシーの食品リサイクルエコ発電にとっては、優秀なエネルギー資源であり、ましてや牛乳をゴミ焼却場で石油を足して燃やすなんていうことは二〇年後の未来社会では笑い話でしょうね。愚の骨頂としかいいようがありません」と藤原氏。

このシステムで最も重要な役割を果たしている「サテライト」という製品について、「私たちは、過去の苦渋から得た現場ノウハウで、チェーンストア、食品工場の施設担当者や法務省、各自治体の立会いで現場実験を重ね、生ゴミを現場で液状化する貯蔵装置を開発しました。それがサテライトです」と、藤原氏は語る。

食品廃棄物を資源として再利用しようとする場合、保管場所、保管方法、積載方法等現実の問題として、この収集作業がいちばん大きな問題だった。

スーパーでもそうだが、余分なスペースはあまりないから、いかに集めたときに置く場所を少なくするかが重要になる。スーパーやホテルでは環境公害を生まないために、生ゴミを冷蔵庫で保管している。電気代をかけてナンセンスな経費を負担していることは意外と知られていない。そこで考案されたのが密閉型生ゴミ液状化装置「サテライトシステム」である。サテライトは生ゴミをその場で破砕液状化し、エネルギー資源化してしまうため、保冷保温もいらないので、経費は投入する瞬間と、貯蔵状態を監視するために内装されている「レディコン（工業用携帯電話）」のわずかな通信費だけである。ちょうど銀行の現金引出装置のＡＴＭが置かれているようなものと考えればいい。そうすると大規模集積所がなくてすむ。サテライトで満杯になったエネルギー資源を今度はタンクローリー車で収集するか、あるいはその場で発電に用いれば、無駄なゴミ処理場はいらなくなり、無駄な経費はかからなくなり、無駄にガソリンを撒き散らせて車を走らさなくても良くなり、環境を壊す公害もなくなり、周辺住民問題もなくなる。

▼ドイツ潜水艦から着想

藤原氏は、このサテライト収集方式を考えついたときに、このエコ発電システムの成功を確信したという。

「サテライト方式を発想したのは、たまたまドイツ人の関係者がいて、ドイツでは船舶でこの密閉方式が採用されているということを知ったのがきっかけでした。戦時中ドイツの船舶は、敵陣に知られないように艦内で出たゴミは、捨てないで母港まで持って来ていたのです」と藤原氏。

第二次世界大戦のときに、ドイツは周りを敵国に囲まれていた。そのなかを、潜水艦で大西洋に出たり、うわさによると、日本まで来たというが、船内の汚物を海中に投棄していたら、ドイツの艦隊が通ったことがわかってしまう。それを隠すために、ドイツだけは海中投棄をしなかったといわれている。

その持って帰ってきたタンクを開けたら、海洋でローリングされてちょうど良い具合のバイオガスができており、それを燃料にしたのだという。いかにもドイツらしい、今でいうエコロジー政策がヒットラー時代から始まっていたのである。

「ドイツに行って収穫があったのは、エコ発電だけじゃなくて、キッチンシューターシステムというのを見たことでした。事務机程度のステンレス製生ゴミ投入装置がキッチンの流し台の横にこれが置いてあって、蓋を開けるとゴミが全部シューターで吸い込まれていく。あ、これはいいと。ちょうど日本ではO-157が流行っていたときでした。調理している人は忙しくなると、ゴミバケツを地下室まで持って行って、帰って来ても手袋をはめたままなので、つい忘れて手を洗わないケースが多い、ものすごくあれが危なかったのです。これなら扉を開けてスポンと生ゴミや皿の残飯を放ると、シューッと一瞬にして下まで行くので、これを全部スーパーにつければいいと。よく工場等で、書類を入れた丸い筒を吸い込むパイプシューターがありますね。あれと一緒ですよ。このシューターシステムを発見したのが、ドイツ出張の収穫でした。ただその晩は、頭のなかを長所欠点がめぐり、日本の生活習慣にマッチングさせるにはどうしたら良いか考えると気になって眠れませんでした」

日本の厨房で使うには、必ずしも満足できるものではない。まず欠点は、ゴミが引っ掛かりやすい、液状化に時間がかかりすぎる、臭いがまわりに漂う、投入装置が大きすぎる等の問題点があった。

「じつは、そのドイツ出張の帰りに乗った飛行機のなかで大発見をしたんです。びろうな話で恐縮ですが、飛行機のなかのトイレというものは、ほとんどまわりが汚れず、一瞬にして一箇所へ集めて、ついでにまわりの臭いまで吸い取ってしまいますね。あれをヒントにして今のサテライトやキッチンシューターができたのです」

その後、エキシーの展示場に来た設計家や建築の専門家が、新築ビルや住宅用のライフラインとして、生ゴミや可燃ゴミをエアパイプで送るシステムをプラン取り入れだした。水道、下水に次ぐ第三のパイプを利用したインフラ「ゴミのパイプシューティングシステム」である。

▼工業用携帯電話で遠隔操作

サテライトのなかで燃えるゴミと生ゴミを、自動的に分ける装置にも取り組んだ。当時はゴミを分別するという意識が広まっていなかったので、分別までサテライトでやらないとリサイクルが進まないだろうと考えたのだ。ところが食品リサイクル法ができたり、一般のゴミのリサイクル意識が高まってきたため、次第に社会の分別意識が進み、高価な分別機の必要はなくなり、実際には一台しか売れなかった。考えよう

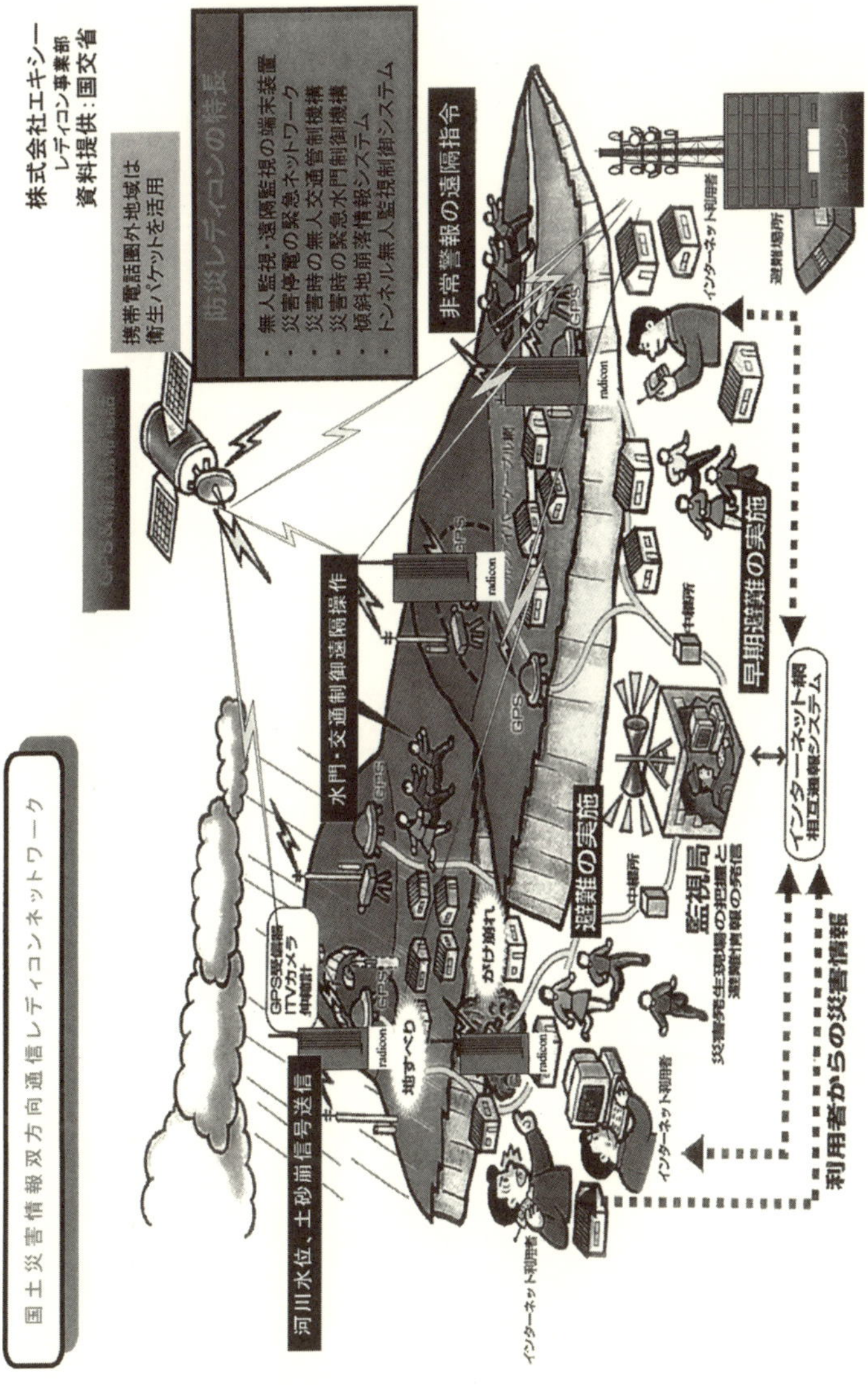
国土災害情報双方向通信レディコンネットワーク
河川水位、土砂崩信号送信
水門・交通制御遠隔操作
非常警報の遠隔指令
携帯電話圏外地域は衛生パケットを活用
防災レディコンの特長
・無人監視・遠隔監視の端末装置
・災害停電の緊急ネットワーク
・災害時の無人交通管制機構
・災害時の緊急水門制御機構
・傾斜地崩落情報システム
・トンネル無人監視制御システム
GPS発信器
ITVカメラ
伸縮計
地すべり
がけ崩れ
避難の実施
監視局
災害発生現場の把握と避難情報の発信
インターネット網
相互通報システム
早期避難の実施
利用者からの災害情報
インターネット利用者
中継所
避難場所
radicon
GPS
株式会社エキシー
レディコン事業部
資料提供：国交省

によっては非常に喜ばしい話である。

生ゴミリサイクルステーションの「サテライト」は、通常無人であるため、貯蔵量や管理状態を自動監視しなければならない。そのため、同社は工業用携帯電話をNTTドコモと共同開発し、サテライトや発電プラントを無線コントロールする「レディコン」を開発した。

「温度管理や適切に液状化されているかなどの管理がしっかりなされていれば、リサイクルに関係するコストは急速に下がる。逆に自動的に監視する装置をつけていないと、たとえば工場に来てみたら電気が全部止まっていて、モーターが途中で止まっていたとなるとロスが出ます。コンピュータセンサーをつけておけば、万が一の場合にも携帯電話で故障個所を知らせることができますから、すぐ直しに行けるのです。そのためにも工業用携帯電話を使ったコントロールシステムの開発は不可欠でした。その前に、SIIから梅田さんという友人を役員に迎えました」と藤原氏はいう。

このレディコンシステムは、このほかにも災害防止監視装置として、注目されている。

さらに、このレディコンの応用範囲は広い。会社のドアやシャッター門扉の開閉と異常確認も遠方からでき、地震や地盤崩壊、水害などの危険地帯でも通報から水門や道路の自動封鎖まで、人や光ファイバーでは無理な作業をすべて可能にした。

「食品リサイクルエコ発電が普及すると、全国平均のゴミ処理に使われている一トン当たりの税金負担分の半分（全国平均約二万五〇〇〇円）の軽減が可能になる。それだけでなく、地域内の廃棄物を地域内でエネルギーに変換させることにより、エネルギー自給率の向上と災害発生時の非常用エネルギーともなり、大型ショッピングセンター等を中心とした二四時間体制のＩＴエコタウンを形成し、社会文化を変える新産業の振興によって、雇用の拡大にもつながります」と語る藤原氏の最終目標は、全国約五万五〇〇〇カ所に〝エコ発電〟システムを組み込んだビルやマンション、住宅、そして室内農園を展開し、〝クォーター・セルフインフラ・タウン〟つまりすべてのインフラの四分一を自給するまちづくりである。

エキシーは二〇〇二年五月、東京・中葛西にエコ発電プラントを備えた新本社をオープンした。

「この東京エコ発電センターで、実際に食品リサイクル発電を稼働させ、小中学生向けのＩＴエコタウン教室を開いて循環型社会の重要性と、もっともっとそういう場で、江戸時代に親の背中を見てしつけを身につけた時代の感性をみがいてもらい、これから地球人としてやらなければならないことを啓蒙していきたい。子供たちに損得勘定以外にもっと大事なものがあることを実体験させたい」と藤原氏はいう。

第六章

ITエコタウン構想

エキシー社長・藤原伝夫氏に聞く

▼砂漠化を止めるのはITエコタウン

――循環型社会の実現のために食品リサイクルを行おうとするとき、すでに見てきたように生ゴミの肥料化がもっとも考えやすい方法なのですが、実際には加工食品を肥料化したときに塩分や油分濃度が高くなって、土壌の汚染が問題だといわれています。

その点、生ゴミをバイオガス化し、発電するという方法が注目されるわけですが、藤原社長は、単に発電だけでなく、IT技術を駆使して、エコ発電を含めたITエコタウンを視野に入れて計画を進めるべきだと提案していますね。

藤原　まず、私たちスタッフは、今この時代に生んでいただいた使命を「地球と人類の調和に貢献せよ」というテーマと信念でいるものが集まって仕事をしていると思っています。わずか四〇～五〇年前、私たちが小さい頃は、小川で泳いだり魚をとって遊べるほどきれいだったんですが、田舎から東京へ初めて出て来て水のまずいことと、川と海の汚いことに驚いたんです。こんなところは人間の住むところじゃない。それが最初に環境ということに目覚めたきっかけでした。

最初「美しい活きた水を社会に」をテーマに、世界中の水を飲めるように技術開発しましたが、いくら仕事をしても片方から汚されると片付かない。現在の地球の構造は水をきれいにしようと思うと、片方で下水問題、ゴミ問題がひしめき合い、世界各地至るところで問題が噴出しています。戦争も最初は食料問題がきっかけで起きます、その食料の出来や不出来は水次第、その水の良し悪しは汚染と天候次第。その汚染と天候の具合は、廃棄物いわゆるゴミ問題と樹木植栽問題で簡単に変わる、結局われわれが生活する資源の上手な循環をしないと戦争も解決しないということじゃないでしょうか。こんなエキシーに出資して頂いた株主さんは、世界最高の貢献者ですよ。

余談ですけど、「聖地」とは結局良い水の出る汚染のないところです。そこを人々は聖地と選んだだけで、世界中水が悪くて、ゴミだらけの聖地なんて一カ所もないですよ。そこを考えれば何千年の歴史を重ねたイスラエル問題もその辺から紐とかなければ解決しません。今、中国大陸もサハラ砂漠と同じ状態に大砂漠化が進んでおり、中国が経済発展して日本は追い越されるといわれていますが、内情はそれどころじゃないんです。日本からもボランティア団体がそうとうな量の植林支援を手弁当でやってます。中国といえば必ず、教科書問題で騒ぎ、靖国神社参拝問題で騒ぎ、日本人は田中角栄しか尊敬していない国と思っている人が多いですけど、それは日本の大半のマスコミが誇張しているだけで、日本人は一千年の先を考えた偉大なる環境支援人種なんですよ。こんなに中国のために尽くしてきた日本人はそろそろ、二一世紀の地球環境のこと、日本の将来を考える教育、政治、企業、文化を育てないとエジプトのような古代都市化してしまい、少年たちにバーチャル殺人を幻想連化したゲーム機とメーカーが日本文化最後の遺産といわれてもやむを得ないということになりかねません。まさか、松下幸之助さんも盛田昭夫さんも社会問題まで引き起こすようなゲーム装置を生産する会社になるとは創業時思ってもいなかったでしょう。

今度、政府は「循環型社会推進基本法」をつくったのですが、うまくPRしていないため、国家がまだまだ機能していません。日本という小さな国土を治めていくにも、せめて二〇〇年以上の将来を見据えて環境整備の仕事を進めて行きませんと、現在の地球温暖化現象と同じように、方向を切り替えるには、早くても五〇年程度はかかります。二一世紀的生活基盤や経済活動は、環境基盤が整備されないと、生活安定度や経済安定度、国家安定度は一年先さえ読める人は誰もいません。ゲーム機メーカーや、消費者金融会社がどんなに成長しても、温暖化で水面が一メートル上昇したら、いの一番にやってくるのが食料危機です。二〇〇カイリ問題で漁業海域が変わる。次に沿岸地域の町や工場が消えて、ディズニーランドで遊んでいる場合じゃなくなる。このようなときに存在意義がある会社が日本にどれだけあるでしょうか。株を投資するときは、この辺のことを考慮して会社を選べば、お金が生きて、直接自分の身や企業を助けるお金になります。

▼水道・下水道の次はゴミのパイプライン

この地球次元の話から私たちの身辺の話に戻しますと、なぜＩＴエコタウン、いわゆる生ゴミ発電から〝まち〟づくり全体まで考えなければダメだと気が付いたかですが、まず私たちの視点を仮に二〇五〇年くらいに置いてみたのです。そうすると、ゴミも水道や下水と同じようにまちの衛生を上手に管理できるのはパイプラインしか考えられないんですね。最初は水汲み場から飲み水を桶で担いで運んだ。その後水道という便利なものができた。次に下水や汚水を桶で担いで田んぼや畑まで運び、その後バキュームカーもできた。そして下水道ができた。今、ゴミはカートや袋に入れて運び、パッカー車が運んでくれる。その運んでいただいている職業の人たちがまだまだ

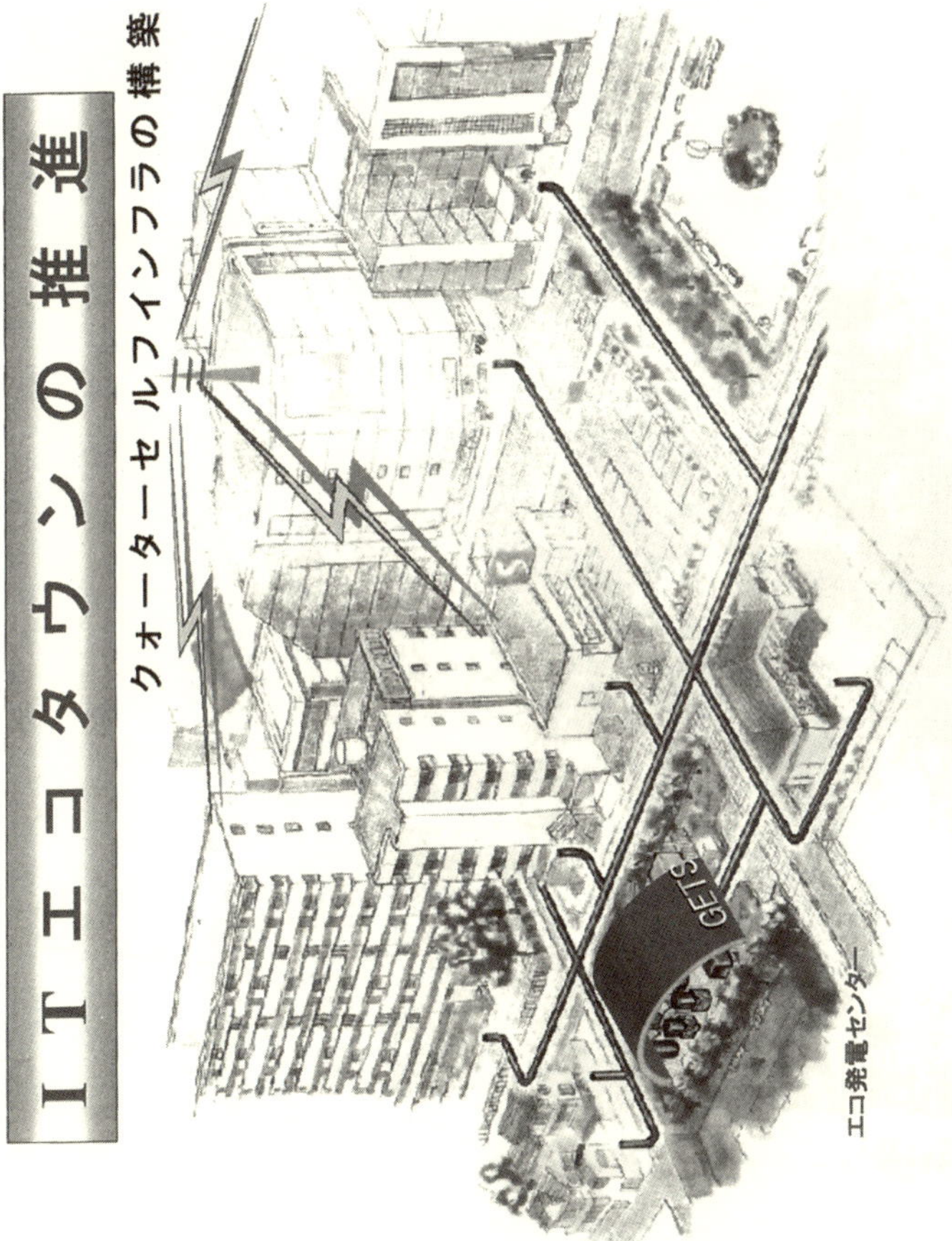
ITエコタウンの推進
クォーターセルフインフラの構築
GETS
エコ発電センター

恵まれていない。このパイプラインや輸送ラインを運んでいる人たちの団体でつくり、なおかつ発電所を営む団体の第一号が「東京食品リサイクル事業協同組合」として石原東京都知事に認可をいただいたのです。多分東京都としても、画期的環境行政のひとつとして後世に名を残すでしょう。この東京都をきれいな状態に保つべく縁の下で苦労いただいている収集事業者の方々の組織土台ができなければＩＴエコタウンもできません。

ＩＴエコタウンとは、もっとも理想的な循環型社会いわゆるリサイクル社会を構築しようとした場合、既存のまちを一気に変えることは不可能ですが、これからニュータウン等をつくる場合は、〝自活できるまちづくり〟要するにインフラを極力自分のまちでつくって、よそに頼らなくて済むまちづくりです。そうすれば阪神・淡路のような大震災が起きても、せめて一週間は生活していけます。今度、東京都と江戸川区に、世界で初めての案に協力していただき、葛西で進めておりますが、世界中の首長が見学に訪れることになっております。

そしてまず、リーダーは「災害が発生しても一週間生活できるまちにしよう」「まちのインフラ四分の一をわがまちでつくろう（クォーター・セルフ・インフラ）」と

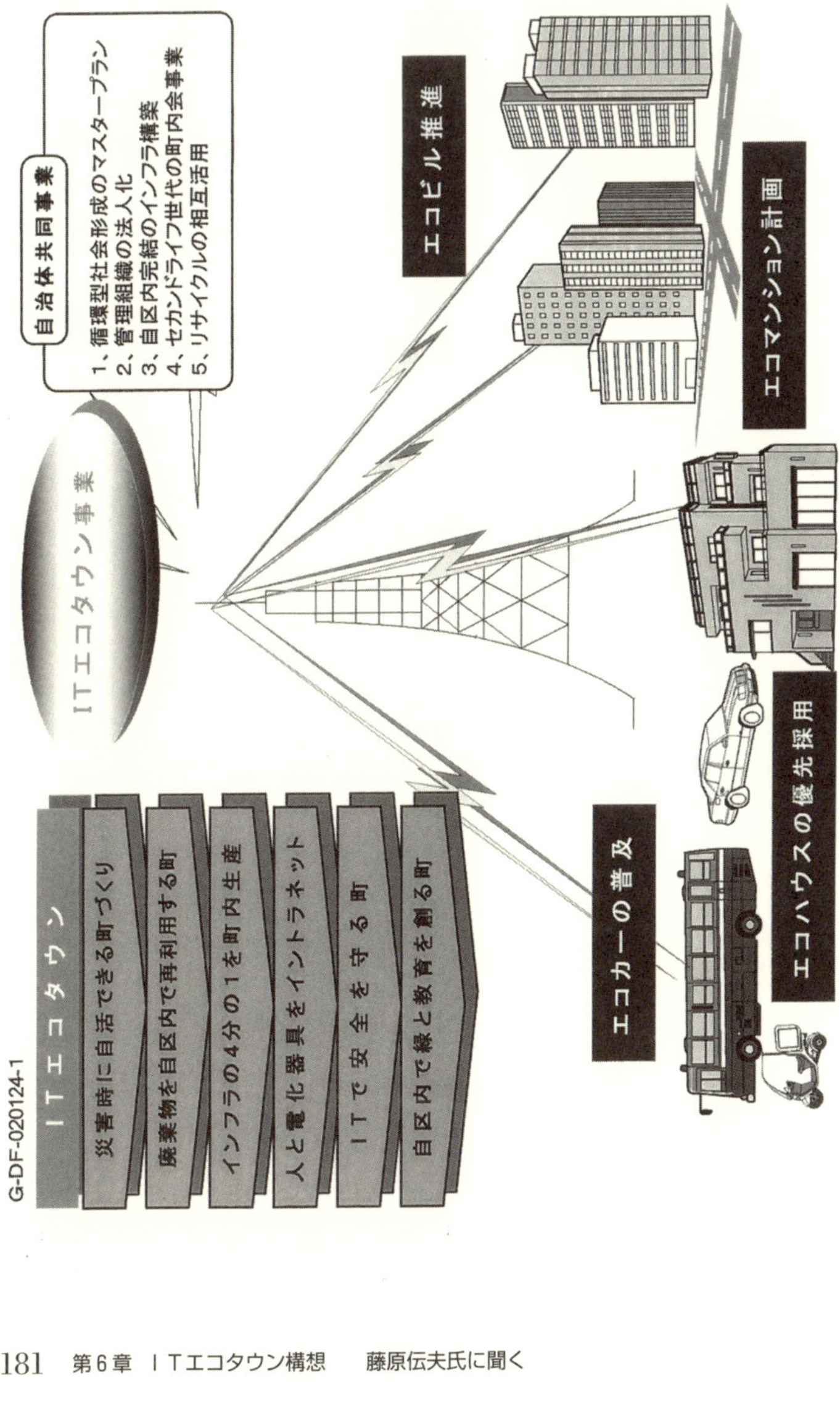
G-DF-020124-1
ITエコタウン
災害時に自活できる町づくり
廃棄物を自区内で再利用する町
インフラの4分の1を町内生産
人と電化器具をイントラネット
ITで安全を守る町
自区内で縁と教育を創る町
ITエコタウン事業
自治体共同事業
1、循環型社会形成のマスタープラン
2、管理組織の法人化
3、自区内完結のインフラ構築
4、セカンドライフ世代の町内会事業
5、リサイクルの相互活用
エコビル推進
エコマンション計画
エコカーの普及
エコハウスの優先採用

努力目標を宣言するのです。そうすると必然的にＩＴエコタウン研究が活きてきます。東京都のカラス問題もなくなります。自動車の排気ガスも減ります。その宣言をした日から、空から川から海から資源の有効活用やリサイクルが活発になります。まちの合理化が始まると同時にまちに新しい産業も生まれてきます。地震が来る前に自活の準備を始めるのです。倉庫に食料や水を備蓄するのは誰でもできます。今度は違います。もっと高い目標をもって、町内でつくってしまおうと。

経費を合理的に下げるためにはＩＴをまちじゅうに網羅しなければなりません。しかも、ワイヤレスで。光ファイバーなんていう品のいい素材は、海洋をまたぐ国をつなぐのに使えば用は足ります。有線は、災害時には何の役にも立ちません。今、各携帯電話会社と提携して工業用携帯電話、要するに、キーボタンのない電話を開発しました。工業用携帯電話、正式名称レディオコントロールを略して「レディコン」といっています。このレディコンを自動車から始まって、家のドア、シャッターや車椅子、エアコン、工場の配電盤、銀行の監視カメラなどあらゆる機械や電気製品に内装し、監視と遠隔操作をすることによって、生産、流通、警備、看護など想像されるあらゆる危険や安全の回避に携帯電話を使うことによって、無駄を省き、合理化が進みます。このレディコンをいち早く設置したかったのは、河川水門と雪印の工場現場です。このレディコンがついていたら、鉄砲水で死ななかったかも知れないし、雪印食品が破綻しなくても済んだはずです。人間でもできない、コンピューターでもできないことがレディコンだったらできるのです。

自活研究の一歩として油に代わるエネルギー資源の代表はゴミです。その大事な資源を集める場所に全部、そういうひとつのセンサーを備え付けて、自動的に監視できるようにする。リサイクルというのは金のかかるものですが、それを根底から変えるためには、ＩＴを使うことによって経費がかからないようにするということを計画的にやっていくことが必要なのです。

ところで、今エコタウン構想については、国の認定事業のものがあります。ところが、実際には人が住むという意味でのタウンではなく、新しい時代のゴミ処理場をつくりろうという計画がほとんどです。だから、本来エコタウンというのはこういう意味ではないということで、われわれは「ＩＴエコタウン」といい、エキシーが商標登録を取っています。

それと同時に、なんとなく日本全体で——東京でもいいのですが、何となくエコタウンをみんなやりましょうという発想の仕方ではなくて、ある市がその市のなかで新たな開発計画があるとすれば、その地域だけを限定して始めませんかというのがわれわれのプランなのです。というのも、こちらもあちらもやろうということで法律を整備したりしていると、理想倒れになってしまう恐れが強いからです。そうならないようにするために新規開発が予定されているまちを特例特区としてひとつの新しい構想で、進めようということです。

こうしたまちでは、新しい造成地を全部パイプラインにして、電信柱もなくし、全部ワイヤレスのＩＴ、工業用携帯電話を入れるというプランを進めています。

▼災害に備えて電気、水の四分の一を自給できるまちに

――自治体がその理想のプランを全部やりますというようなことをいうから、要するにお金もかかり、結局設計図はできたけども、資金がつかずにお蔵入りということになる。

藤原　そうですね。新しいプランですから、今までのように住民の賛成がないと動かないということもありません。新しくつくるまちはゴミ処理場のいらないまちをつ

くるということで、極力このゴミを外へ出さず、エネルギーの資源に使えれば、もったいなくて今の日本のゴミ行政のように全国の埋立地をさ迷わなくて済む。まちのエコ発電に使えれば石油の輸入も減る。さらに水についても雨水を溜めてこのまちで使用する四分の一の電気と水、さらに熱についてもエコ発電から供給するようにしようという構想です。ゴミをうばい合う時代が来ます。

このように、極力自分のまちで出た廃棄物を利用してできた資源は、そのまちのなかで使うということにすれば、各自治体も議会を通しやすいし、新しいまちにはこのルールを認めた人に限り、土地代に発電所投資コストを含めて買っていただければ、電気代等のインフラが安くできる。地震が発生しても赤ちゃんのいる家は救援がしばらく来なくても安心できます。いいことづくめで、私が市長でしたら即日始めますね。これから選挙に出る人はＩＴエコタウンを売り物にすれば絶対当選しますよ。結果として、スギ花粉対策にもなるんですから。

――こうした計画は、各地方自治体に提案しているのですか。

藤原　エキシーには自治体関係者の研修やマスター設計プラン依頼も多いのですが、われわれが「クォーター・セルフ・インフラ」と呼ぶこのシステムについては、各行政省庁や与野党の議員連盟の方も数多く勉強会に来られました。関係法案の作成も一緒に研究しています。

――まちの四分の一を自ら賄うという意味で「クォーター・セルフ・インフラ」ですね。

藤原　計画には目標値がないとうまく進まないので、面白くないですね。できれば何かしらの目標達成の報償を考えるのも手ですね。たとえば電気については、関東ですと東京電力から買っていますから、自分のまちから出るゴミなどを全部集めて、四分の一はエコ発電で賄おうと。その数値目標を設定してあげるのです。そうすると非常に理解しやすい。

――残りの四分の三は東京電力などから買ってくると。

藤原　そうです。それと、こういった発電設備は生ゴミ発電だけではなくソーラーでも風力でも過疎地域の方がつくりやすいので、過疎の自治体は二〇〇でも一〇〇〇%でも生産をして自治体同士が売買し、電力会社は輸送ラインを貸せばいいのですから。もうひとつ重要な課題は、完全自由化はいいことですが、自由化になるということは、いざというとき、電力が不足した場合の責任を取れませんから、なおさら自活発電所の設定は必要となります。

水にしても雨水を無駄に捨てない。まちの要所要所に貯水槽をつくったり、各家にも貯水槽をつくることを義務づける。多分、これからは水の貯蔵が最も重要になります。今からわずか一五年ほど前に「日本も間違いなく、飲み水がガソリンよりも高くなる」と予言しましたが、ピッタリ当りました。

自治体は生ゴミ処理に関して、今多くの問題を抱えています。処理場をつくろうにも環境アセスメントや住民の反対があってなかなか実現しないのです。普通のゴミ処理場でいくとすると、ゴミを燃やすところをどこかにつくらなければなりません。今までは好き勝手に山のなかに埋めていたものが、もはやそれができなくなってくる。要するに再利用するということを含めると全体的に場所の問題がだんだん制限されてきている。そんなこともあって、今自治体は試行錯誤しているわけです。

そうしますと、たとえばニュータウンをつくるときにも、ゴミ処理場がないためにできないという問題が実際に出ているのです。ましてやダイオキシン規制法がスタートし、今ある焼却場を全部改造しなければならない。それを全部つくり替えるかフィルターを新しいものにつけるだけでも何億円、何十億円のコストがかかる。

そういうときに問題になっているのは生ゴミです。生ゴミは焼却炉の温度を下げます。下がるとダイオキシンが発生しますから高温にするために余分な燃料が必要になるのです。

結論としては一軒一軒の家か、せめてこれからつくるニュータウンではその地域から出た生ゴミについては処理から何から全部やることです。自分のところのゴミを自分のところで処理する分には反対しようがないでしょう。まち全体のゴミを自分の地域に持ってこられるということに反対なんですから。自分のところのニュータウンのゴミを処理して、電気も自分たちで使うとなったら、逆に楽しくなる。反対する原理がなくなってくるんですね。そういういわゆる自己実現ということに国民を変えていかないと駄目だろうと。そういう話をすると誰も反対しないんです。

さらにエコ発電を導入しますと、万が一地震などの災害が起きたときには、その発電によっておよそ四分の一、照明や、最低限、お風呂に入るとかいうことだけはできるのです。

このとき絶対必要になるのがレディコンです。実現すると、現在の三倍か四倍の携帯電話が普及します。この構想についてはのちほど詳しくお話ししますが、これを進めることでも、新しい産業が起きます。

　このレディコンワイヤレスネットワークを敷いて、エコ発電所の上に一本だけアンテナがあれば、そのまちは全部無線で、電話代なしでイントラネット通話ができる。自分たちがこれをやることによってこれだけのメリットがあるということさえきちんとそこに住む人に説明してあげれば、そういう自覚を持った人々によるまちができます。そうやっていいまちを一カ所ずつつくっていく。このまちは自分たちでゴミ処理を全部やっているんですよと、そして運営も先ほどの収集員の方と地元自治会が運営すれば、町内会企業ができ、場合によっては株式公開もでき、定年退職者にも夢ができる。今まではみなさんが、反対したでしょう。これは自己完結型なので、みなさんのところでもこういうかたちでできますよと。ですから、このニュータウンは最高のまちだということを多くの市民に知ってもらうことが大事だと思います。そのことを自治体のみなさんにもお話しをしているのです。

　ゴミ処理をどうするかということだけを問題にすると、ただ単にゴミ処理メーカーとか収集屋さんとかの今までのゴミに関わる人たちだけの問題になって、処理場をどこにつくるかで、反対運動をうける。要するに文化が入ってないのです。もともとわれわれがこの問題を考えはじめたときに、これではだめだと。私はたまたまスーパーの出身なものですから、まちづくりという発想をもってゴミ問題を見ていますから、ＩＴエコタウンのような発想ができたのだと思います。

とにかく、まず市内の一角でもいいからニュータウンをつくる。そしてこういう街をつくることで「介護、防災、防犯の問題も解決できるのです」ということを示すべきだと思うのです。それを実現するワイヤレスネットワークを構築するのは、ＩＴが発達してきたことで可能になったのです。するとシャッターを売るメーカーさんも、新しい携帯電話付きのシャッターがありますとなったら、新しい産業と商品、そして仕事が生まれます。既存のメーカーがやる気がなかったら、すぐ会社をやめて、ベンチャー企業をつくってみんなで出資しあえばいいのです。とにかく楽しむことです。

▼ＩＴ化といいながら頭が切り替わらない産業人

――それこそ五〇年体制からの脱却は、政治家ばかりでなく経営者も同じですね。ところで、ＩＴ技術の利用というお話がありましたが、パソコンのキーボードをたたいていればＩＴだと思っている向きが少なくないのですが、そのことがまだ世界に本当のＩＴが根づいてないという証拠でもある。

藤原　地方講演に行きますと、ＩＴだといったって何をやっていいかわからないんです、みんな。それでせめて学校に各教室にコンピューターを入れる程度の発想しかできない。工業用携帯電話という話を、都会でしていてもあまりピンとこないのですが、地方へ行ってやりますと、こんな面白いことないですね。みんな唖然として、「あ、それがＩＴなんだ」と分かるんですよ。光ファイバーの話をしたって、理解できる人はたった一握りの人たちです。端末は一緒ですから。

ところが、工業携帯電話という話は、もう自分たちが会社のなかでつくっている商品そのものが即ＩＴ商品にできる。ビジネスを変えなければいけない。そうした取り組みを早くやったものが勝ちです。一〇年経って、うちもＩＴ化しますといっていたのでは遅い。たとえば住宅機器メーカーをとってみても、メーカーの対応は古くて遅いですね。余計なことはしないほうがいいという発想ばかり。大手ゼネコン、大手建築メーカー、住宅メーカーの後ろについていくだけで食べて来れたという旧態依然とした態度です。安閑とした考え方を持っている社員がほとんどですね。多分経営者は落ち着いていないでしょうけど。戦後、余計なことをしない社員いわゆる金太郎飴社員を大量生産してきたしっぺ返しがきているんでしょうね。

――頭が切り変わっていないんですね。

藤原　変わってない。なかには「うちもそういう研究や開発をしています」という経営者がほとんどです。ところが研究開発を社内でしているかもしれないが、実際に社会のなかでどうやったら自分の商品が溶け込むかという話を横断的にしないのです。いってみれば研究所や開発部隊が勝手にやっているのです、みんな。私はこの業界に入って初めて分かった。ゴミ処理もみんな勝手にやっているんですよ。社内で相談したら責任を取らされる。適当にOBがやっている会社あたりに開発依頼して開発中ですという顔をしている社員が多い。大企業がこうなった原因は、一部の監査法人のあり方に問題があるというのが、経営者間の意見でした。要するに、会社の不祥事が起きると最近は何かと監査法人の責任を問うことが多く、経営経験のない会計士は、数字を追うことしかできない。そうすると無駄な実験や研究開発を追及してしまう。すると研究陣もついつい研究開発も外注に出して責任を分散する方を認めてしまう。

私が自分で試作をつくって実験するときは、一〇種類の方法がある場合は、無駄でも一〇種類のダメ実験を必ずします。なぜかといいますと、あとでひとつだけ選んで量産し、クレームが出た場合、なぜ他の九種類を選ばなかったかを問われた場合、明確な回答を出せなければ一〇〇%の自信が持てません。また、実験しているあいだにとんでもない発見や発明をする場合もよくあります。最近は企業の役員会や監査法人が研究者に対し、無駄と分かってやったことは背任行為だとか、損害賠償をさせている会社が多く、逆に雪印みたいな結果を生み出しているようです。だから、エンロンの破たんも発見できなかったんです。

――ＩＴエコタウン研究会で考えているＩＴ活用法についてもう少し詳しく教えてください。

藤原　まずＩＴエコタウンというからには、神戸のように大地震に見舞われたり、名古屋で水が出たりしましたが、ああいう災害が来たときに機能しないのではＩＴとはいわないのです。

われわれが提案しているＩＴエコタウンでは無線ですべてをコントロールします。先ほどお話ししたように、各家の電気、ガス、水道やドアも。ですからたとえば家を訪ねて行ったときにインターフォンがあってインターフォンに顔が映りますね。極端なことをいえば、子供が一人で留守番していて殺人事件なんかがあるでしょう。そのインターフォンに映った顔が、会社でお父さんの携帯でも見えるようにする。それから、鍵を携帯電話で開ける。家を訪ねた人は、全部携帯電話に画像が登録される。今の技術なら簡単なんです。そういうことをしないで有線、ケーブルにしているほうがおかしいと思います。このアイデアは多分この本が出版されている頃には、かなり実用化されているはずです。

最近のＩＴはドッグイヤーではなくて、一年草ですから、どこかの企業と商談したと思ったら、機密保持契約を交わしたり、パテントを出願したと思ったら、翌月には第三者から発表されていたりすることが多い。エキシーの商談の場合は、会議に出席する一人ひとりの社籍を確認します。大手電機メーカーのＴ社の場合は、会議の翌日に会社をやめて個人で特許を出願したケースがありましたが、損害賠償請求をし、特許を取り消させました。

▼こうして〝レディコン〟は生まれた

――エコ発電に関連してレディコンの開発にまでいったのですね。

藤原　そうです。そもそもはサテライト、生ゴミ発電の安全とセキュリティを高めるために、携帯電話が生まれたのです。それがサテライトのなかに入りました。

――セイコー電子からこられた梅田泰由事業部長、この種の工業用携帯電話は、すでにあったのですか。

梅田　ありません。元になるものはNTTドコモにあったのですが、それをサテライトに組み込んで使いたいといったら「プランしただけで、実際には売っていません」といわれ、仕方なく、共同でつくったというのがレディコン開発の経緯です。

安全な、効率のいいサテライトをつくる。そのためには故障しても、その対応に何時間もかけられません。故障した箇所までわかれば、故障した部品を持っていって取り替えればすむ。そういうことを工業用の携帯電話を使ってやってしまおう。それがそもそもの発想です。完成後、NTTドコモがこれを知り、新聞・週刊誌等六紙面でこれを発表したいとの申し出があり、「週刊朝日」等でカラー二ページで発表してもらいました。この工業用携帯電話をこういうものに使えないか、あれに使えないかという問い合わせが殺到し、エコ発電以外のレディコンの利用法を事業部で商品化するようになったのです。

レディコンはカードぐらいの薄さになって、われわれの持っている携帯電話からプッシュボタンがなくなっただけで、そのなかに四、五カ所ぐらい連絡先を入力させているのです。それで自分で選んで送信する。これのＩＴエコタウンというものに発想を拡大すると、サテライトからドア等、全部これを入れることによって、たとえば地震とか何かがあったときには全部それがセンサー代わりになる。地震計になったり、水位計になったり、洪水があった場合には、人が行かなくてもこれが全部情報をキャッチして水門を開閉します。

今当社が提案しているのが、扉に鍵のないドアです。鍵穴があるから開けられる。だったら鍵穴なんて最初からないほうがいいのではないかと。泥棒というのはＩＴに弱いですからね。それでも、家のなかで何かあった場合には、指定されたところに警報を発するのです。

実際に家のなかのシャッターとか、エアコン、お風呂を電機メーカーが全部電話線でつなごうという動きがあります。テレビも電話線に繋いで双方向通信をやろうとしている。これが第一歩といえるのですが、それでも有線ですね。会社ではすでに、パソコンは全部無線です。ところが、家をつくるときには有線でやっている。住宅関係の業者はそれだけ遅れているのです。

もっとも、会社の場合でも無線というのはパソコンだけであって、パソコン以外は実質上はまだ無線になっていないですね。とすれば、簡単なのは、会社でやっているパソコンと同じような原理で、端末が各電気製品のなかに組み込まれればいいわけです。それをしていないだけなのです。

無線の「ブルートゥース」みたいなのをつけるということは、メリットが相当あります。まず配線をしなくていい。配線は非常に面倒ですから住宅メーカーがものすごく嫌がるのです。工事の工程上も面倒くさい。そこで、そういう装置を全部組み込んでしまった場合、次に何が必要かというと、家のなかのレディコン中継局が必要になってくるのです。レディコンの場合は、家のどこか一カ所に置いておけば、無線ですから非常に便利なのです。親機からの電話も無線、それから各家のなかにある電気製品も無線。そうすると、地震が来ようが何しようが、本局さえ無事であれば、すべて機能は果たせるということになるわけです。

▼自動車の盗難防止システムも

――レディコン事業部では自動車の警報装置なども開発しているそうですね。

梅田　レディコンは、今お話ししたように、サテライトを無線で管理するために開発されたのですが、レディコンが持っている無線監視装置としての機能をもっと活用できるのではないかということで、東京海上火災保険さんから依頼されて開発したのです。

現在、社会で問題になっている自動車の盗難があります。レディコンを改良すれば盗難防止装置として活用できる。結局、大損害を被っているのは損害保険会社で、被害額は何百億にのぼっています。ところが既存の車盗難防止装置は、価格が高く、しかも車のなかに取り付けるには自動車整備士がいないと付けられないくらい大げさすぎる。そこで、女性でも老人でも簡単に取り付けることができるのはないかというので、自動車盗難防止装置をつくったのです。保険会社からアドバイスを受けたのがひとつの発想の原型で、この装置については東京海上火災保険さんと共同特許を出願中です。

その特徴ですが、既存のものでもブザーが鳴るとか知らせるのは結構あるのですが、それを、本格的に携帯電話を使って持ち主に知らせてくれるとか、そこを中継点として車のボンネットがいじられてないかとか、極端なことをいうと、エンジンを止めるとか、家のなかからガソリンが少ないというのも計ろうと思えば計れる、というふうな商品になっているのです。あと五年もすると、車の配線はほとんどなくなり、スターターやプラグ以外の線はワイヤレスになるでしょう。当社では自動車は、水で動くエンジンの開発も含めて、そんな実験も自動車メーカーの依頼で始めています。

——ところで、エコ発電機に故障が起こると、発電機についているレディコンから警報が発信されるのですか。

梅田　センターに通報されます。一五カ所、二〇カ所のサテライトのどこのゴミが満タンになったとか、少ししかないという情報を全部センターで管理して、車の回る順番もこちらで決めて、無用の排ガスが出ないよう、効率よくタンクローリー車が回れるように指示される。そういうところまでできています。生ゴミというのは、たとえば結婚式場などでは、昨日は結婚する組が少なかったのに、きょうは大忙しで、ゴミも満タンになってしまったというケースがあります。そういう場所に置かれたサテライトは、きょう一杯になりそうだから回収に行かなければならないということを事前に知れば、そのように車の手配もできるわけです。それに加えて地震や水害などにも反応するようにすれば、このサテライトシステムが施設の防災の役にも立つというわけです。今、全国の市町村がもっとも欲しがっているシステムです。

レディコンの親機を配る。家庭のなかでも、たぶん一〇カ所、二〇カ所あると、一つひとつが発信できる。これから安くなると思いますが、今のところはまだ一つひとつに高度の発信機能を持たせると高くなるので、親機が代わりに、親機と子機とのあいだで通信することによって、親機がつねに発信するような仕組みをつくればいいと思います。

―― 東京エコ発電センター長の洞口卓哉さん、発電センターは地方自治体が設置するのですか。

洞口　地方自治体ということもあるでしょうし、高層マンションなどの場合は一〇〇世帯以上もありますから、もはやひとつのまちです。こうした大きなマンションの場合は管理を株式会社にして住民が株主という管理会社方式をとってもいいのではないかと思います。いってみれば自治会を株式会社にして、定年退職した人がこの会社に就職して、発電機の管理をするというようなことになれば、立派な地場産業になるわけです。

しかも株の配当も、ひとつの収入源になります。エコ発電から生まれた電気、それ

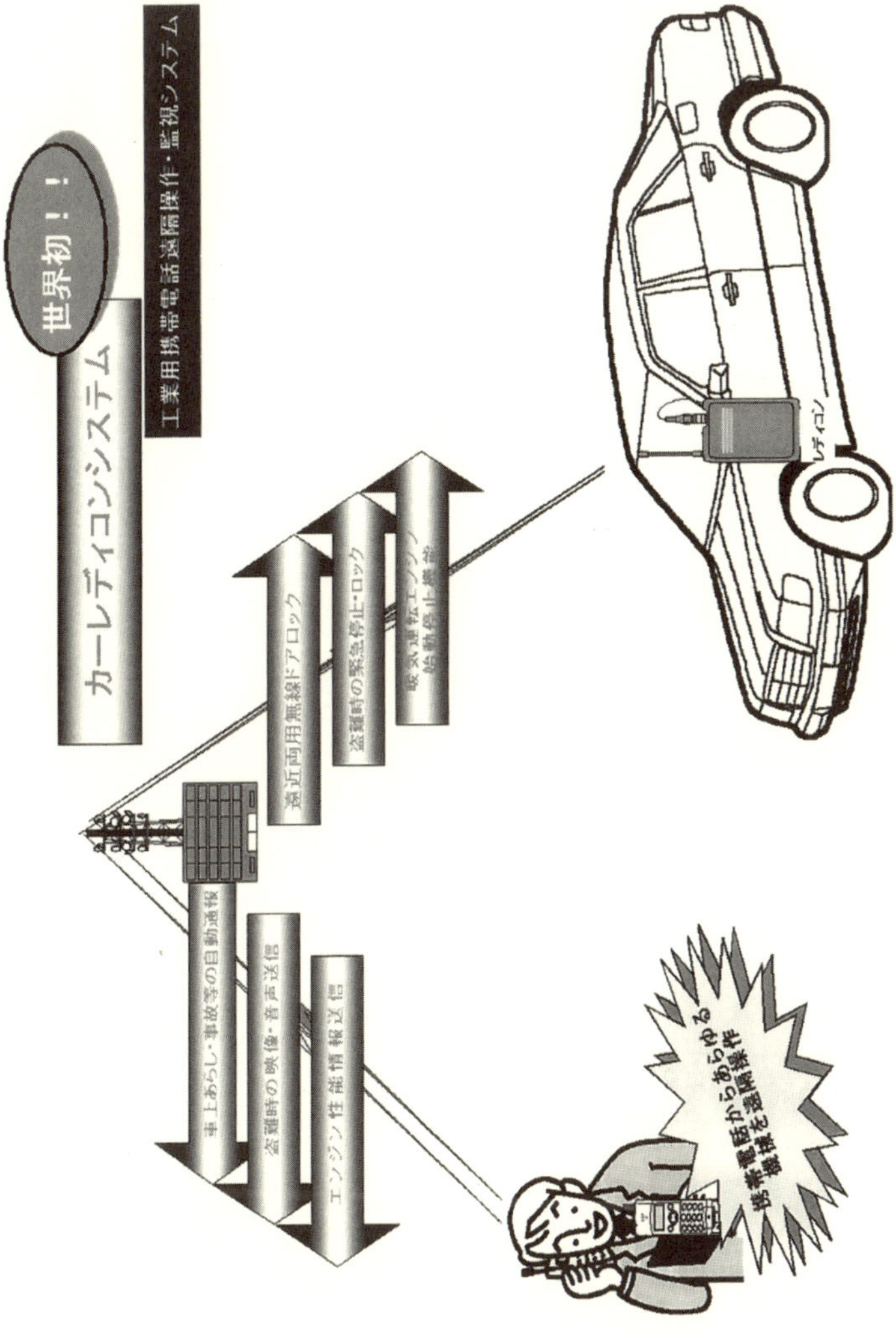
世界初！！
カーレディコンシステム
工業用携帯電話遠隔操作・監視システム
遠近両用無線ドアロック
盗難時の緊急停止・ロック
暖気運転エンジン
始動停止機能
車上あらし・事故等の自動通報
盗難時の映像・音声送信
エンジン性能情報送信
レディコン
携帯電話からあらゆる
機械を遠隔操作

から水道にしても、全部売買しているわけですから、その売買をエコタウンぐるみで売買するのです。実際にこれをやり出した都内の大手Mビルでは、電気の供給はまだできませんが、熱供給株式会社をつくっています。

ところで、今でも住宅をつくるときに、マンションでもそうですが、洗濯物を干そうというときに携帯電話を利用して、物干し竿がツーッと出てくるようにしてほしいとか、ゴミがいっぱいになったら自動的に知らせる。あるいは、エアコンのスイッチを携帯電話で入れられるようになればとの希望が主婦にあるといいます。エアコンのメーカーがそういうことに協力してもらえれば、レディコンをなかに入れ込んだような製品を売り出すことができる。こういうように、これまでの装置からIT化された住宅機材を新商品として出すことで、産業の活性化にもなります。

ただ単にITがどうのこうのではなくて、いろんな生活機材がIT化していくということを、経営者が深く理解していないケースが多いですね。要するに頭が硬くて、今までどおりにやっていけばいいだろうと。景気が悪いのを国のせいにしているケース。公共事業に対する金だけやたら要求するくせに、ドアのなかにこういうものを組み込むとかエアコンにこういうのをつけると、どれだけ買ってくれますかと、自分で飛び込もうとせず打算的すぎる。

経済を悪くしてるのはわれわれで、政治家が悪いのではない。すぐさま、自分たちで実験したり新商品つくってみるとかっていうことがなくて、どこからか大量注文があったらやってみますと、チャレンジ精神のない経営者や営業マンになってしまった。むしろ経営者が率先して新しい商品をつくり出していくべきではないか。新しいまちづくりをするのであれば、どんどん新しい商品を投入していけばいいのです。

たとえば、有名住宅メーカーさんがＩＴ住宅をつくるとします。そこで、メーカーからつくれといわれてから、それではやりましょうというのではもはや遅いのです。多分雇われ社長が増えたせいでしょう。チャレンジ精神がまったく欠けているのには驚きます。そういう製品をどんどん新発売するようになれば、経済的に活性化していく。日本というのは特に縦社会ですから、ドアひとつつくるにも、鍵メーカーと扉メーカー、それから蝶番メーカーが関わってくる。そのときにやれば会社のプラスになるんだけど、半年待ったり一年待ったりしたら、日本の製造業はみんな置いてきぼりになってしまいます。

▼五年後には家庭にもエコ発電が導入される

――エコ発電を直接、一般家庭に導入するというのはまだ先になりますか。

藤原　現在一般家庭として可能なエコ発電は、四〇〇世帯以上のマンションおよび分譲住宅等です。要するに生ゴミは一日一世帯平均約一キログラムといわれています。すなわち一日四〇〇キログラムの生ゴミ処理で約毎時五キロワットの発電から設備できるということです。今、日本でもっとも優秀なマンションデベロッパーと組んで進めています。

それともうひとつは、マンションという性格上から、非常用の階段の電気とか、絶対停電のときに消してはいけない電気が必要ですから、そのための合理性というのは、マンションの場合、必要不可欠なシステムになります。一軒家の場合は、電気が消えてもなんとかなりますから、家には自家発電はいらないといわれたらそれで終わりですが、マンションの場合、マンションを建てるデベロッパーが、災害に強いマンションをつくりたいという意志があれば、ビジネスとして成立します。

――発電機の採算性からいうと何世帯以上ですか。

藤原　四〇〇世帯ぐらい以上だったら採算に合うでしょう。家庭用については、まあ、五年でしょうね。五年ぐらいたてば家庭に一個という時代が可能ではないでしょうか。なぜかといいますと、車用の燃料電池が、三年後くらいに出てきますから。車用につくるから、相当コストダウンされるはずなんですね。

――先ほどふれられたように、最近、全国で高層マンションが目白押しです。これらのマンションにもエコ発電システムが取り入れられるということですが。

藤原　今の技術ですと、マンションの場合はディスポーザーで下へまず下ろして、水と生ゴミを分けて収集する方法が多いようです。エキシーのエアーシューター式で集める方法は高層の場合は向きません。一〇階から二〇階程度だとエアでいいのですが、三〇階ぐらいの大規模なマンションになると、水を使ったほうが効率的なのです。

▼ＩＴエコタウンはスーパーを中心とした不夜城ビジネス

――ＩＴエコタウンによる雇用の創出も重要だと思うのですが、藤原社長の構想を聞かせてください。

藤原　構想ではエコ発電のセンターを全国に一二五〇カ所つくります。今日本で排出される生ゴミが一年で二〇〇〇万トンになります。汚泥が約三〇〇〇万トンこれを全部足すと五〇〇〇万トンになります。二〇トンクラスが一二五〇カ所とビル用一トンが五万五〇〇〇カ所になるのです。同時に、可燃ゴミのプラスチック類も燃料電池で発電できるように開発中です。

一二五〇カ所のセンターを建てるというと、どれだけの食品工場があって、どれだけの経済効果があるという数字を出し、国が最短五年間補助支援をしたら、あとは必要なくなるというシミュレーションデータを出しています。ＩＴエコタウン研究会ではこの一二五〇カ所のエコ発電と五万五〇〇〇カ所のエコ発電施設に関連して一〇万人の雇用が創出できると算出しています。

なぜこのようにタウン構想まで考えたかというと、私がスーパーマーケットで働いていた頃に「まちづくり委員会」といって、まち全体をスーパーと自治会が共同で衛生から交通対策、防犯等を話し合い、合理的に運営するにはどうしたらいいか、何万人住んで、どれだけの電気を使い、どれだけの水を使い、どれだけのエネルギーを使い、まち全体の経費がどれだけかかるかを全部やらされたからです。

――なぜスーパーがそのようなことをやるのですか。

藤原　スーパーが国内の消費者マインドと輸入から生産動向、メーカー動向等全部のデータをつかんでいるからです。要するに国内のGDP寡占率と取り扱い商品アイテムをいちばんもっているのはチェーンストアなんです。自動車会社でもなく、ゼネコンでもないんです。自治体からスーパーへ誘致がくるんですね。こういうまちづくりをやります。それをプランしてコンペをやるのです。そのために、スーパーはどういう経済動向がこのまちに見込めるかっていうことを、数値を出して計画するのです。

——実際にスーパーは地域社会の中心になっていますからね。ＩＴエコタウンでも街の中心になっているスーパーが果たす役割は大きい。

藤原　おっしゃるとおりですね。今のスーパーのように店頭で物を売るという物流以外に、たとえば保険から葬儀まで、物品の宅配も含めて全部スーパーが受付られるようにすれば、在庫がいらない不夜城ビジネスを構築できると思います。万が一地域住民になにかあったとき、大体五キロメートル範囲内は、ガードマン会社をスーパーのなかに常駐していますから、対応できます。このことは、実はＩＴエコタウン構想と、密接に関連してくるのです。

スーパーは出店許可をとって店を出すときに、全部自分のところで出す廃棄物については自家処理しなさいというのが指導方針なのです。自区内処理ともいうのですが、ふつうは自分のところで出したものについては自分のところで処理し、再利用する。ところがそれを考えていくと、まちぐるみでやらないとダメだということがわかってくる。そこで、自治会のみなさんを集めて説明会をしょっちゅうやるわけです。たとえば車の出入り。スーパー関連の車が並び過ぎて、家から出れないとか。さらに駐車場問題、騒音問題、照明が明るすぎて寝れないから店の看板は早く消してほしいとか。

一方、スーパーから近隣の住民に提供できるものはないか。万が一なんか起きたときに、われわれはこういうことを供給しますというのが、実は地震災害のときのライフラインなのです。

私たちがスーパーに勤めていたとき、シャッターが閉まったあとでも収入をあげられるビジネスモデルとしてプランしました。スーパーのなかに三〇坪ぐらいでいいから事業部をつくる。地元の人たちにカードを配って、カードを持っている人たちには全部宅配から、保険から、警備から葬儀までを手配する。極端にいうと、新興住宅のなかで家族が亡くなったからといって、葬儀屋さんすらわからない世の中ですから、唯一、すぐ電話しても心配ないのは、普段から取引していて、まちのなかで信用できるのはスーパーしかないんです。スーパーというのはそれだけ信用を持っているので、いざというとき、事故だ、事件だとなったら飛び出せる体制をつくって、カード一枚で、たとえば月に三〇〇〇円でも月会費をもらって警備員の派遣とか、葬儀屋さんから何から全部提携して、生活文化に関わるあらゆる商品を扱うようにする。スーパーはその受付センターと管理センターを賄えばいいのです。在庫もいりません。その辺のガードマン会社の社員が一〇〇回訪問しても、おじいさんやおばあさんからの信用は近所のスーパーの方がはるかにあるのです。スーパーの経営者は割と自分の商売の信用力の大きさに気が付いていないだけなのです。

スーパーの自動ドアを入って来たときに、「〇〇さん、いらっしゃい」ということもやろうと思えばできます。とくに高齢になればなるほど孤独になる。家へ帰っても、ひとりで住んでいるお年寄りが多いでしょう。万が一スーパーで倒れても、その人を認識する。これはITでできるんです。そういうことをスーパーから率先してやればいいのです。チラシの安売りで、旅行が今いくらですと、通販会社でできるようなことをやっていても意味がない。うちのスーパーは、あなたの情報を全部把握していますす、もし何かあっても、倒れても、うちの常時配備している警備員が、何かあったら呼んでいただければ、向かいますから呼んで下さいと。それをスーパーでやらないとだめなのです。コンビニには限界があります。日常の小物からラジオ一台、テレビ一台ちょうだいとなるとコンビニではできません。スーパーだからできるので、こうしたことはすべて売上につながります。背広を購入するとき、一度寸法を測ったら、このIT時代になぜ行くたびに寸法をとらなければならないのか不思議でなりません。顧客管理もできずに売上が上がらないといっている理由が分かりません。せめてカードに記憶させておくくらいは誰でもできるはずですし、経年の寸法違い程度は二カ所程度の確認採寸ですむはずです。要は、ここのスーパーは、店員が自分のことを知っていてくれているということが消費に繋がるのです。レディコン方式でしたら、身の回り品に記憶させて、ドアの入り口から呼び掛けができるようになります。売り場に着いた頃には、お望みの寸法を直ぐ揃えられる状態に。今のスーパーがやらなければならないビジネスはまだまだたくさん腐るほどあります。

これからは地域住民の管理ネットワークを敷いて、カードを配る。そのカードに保険を掛けておいて、何か事件が起きたという場合には全部保険がきくようにセットしておく。そういうことによって防災から、防犯、火災まで含めて、そういうネットワークがつくれます。そういう意味で、スーパーはITエコタウンのなかで中心的な役割を果たすことができると思います。もちろん、このITエコタウンの中心としてのスーパーの関連事業での雇用も見込まれます。

また、自治会館のようなところにコンピュータを入れて、全部無線でそこへ情報が集まるようにする。どこのサテライトが一杯になったとか、どこが詰まっているとか。さらに、管理会社などを使うと経費がかかりますから町内会で、できるだけ地元の人がそこで仕事できるようにする。それをITエコタウンの哲学にするのです。都会は自分の地元で仕事することって、あまりないのですが、都会にいかに仕事場をつくっていったらいいかというテーマをITエコタウンにもたせようとしています。

さらにシルバーの方たち、経験豊かな方たちに生ゴミの分別について指導する組織をつくっていただく。そうすることで分別のお金がかからなくなる。国が税金使わなくなるんですから。それをそういう人たちに多少でも回せれば、どんどんいい環境になってきます。ITエコタウンでそうした理想的な環境をつくっていければ理想です。

▼まず葛西本社で見本を見せる

――二〇〇二年五月には東京・葛西の発電センターがオープンしますね。ここにはGETSが据え付けられているということですが、どのくらいの発電量が可能ですか。

藤原　発電量としては、最初の一期工事は一時間で五〇キロワットです。

――この葛西本社で発電された電気はどういう形で利用されるのですか。

藤原　もともと葛西本社で発電する目的は、通常はセンター用と、災害とか地震が起きたときに防災センターとしての役割を担うことになります。東京で地震が起きると交通機関が麻痺して、三〇〇万人ぐらいが歩いて帰らなきゃいけないといわれています。この本社はちょうど葛西通りに面しています。そうした災害が起こったときには、ここで携帯電話の電気を数万台分ぐらい絶えず提供できるようにし、さらに二期工事でお風呂もつくって、災害医療電源やトイレ、またちょうど会社の裏が公園になっており非難場所でもありますので、地元の方を優先的に使っていただくようにする。そのほか医療用の精製水供給や赤ちゃんのミルク用水の供給等は、神戸でいちばん困った隠れた必需品でした。

神戸のときにはコージェネの補助エネルギーがガスだったので自動停止してしまい十分に機能しなかったのですね。停電のときはガスで動くシステムでしたから、地震でガスのパイプラインが止まってしまったので、結果的に役にも立たなかったのです。その点、エキシーのエコ発電システムは生ゴミが原料ですから、ガスが止まっても影響を受けません。

こうした災害時のバックヤードとして協力できる体制を整えるとともに、小中学生に、このエコ発電システムを見学してもらうことで、環境教育の一環として利用していただこうと教室もつくりました。現在、旅行会社を通して修学旅行などの申込みもいただいております。また、各自治体の関係者にもエコ発電を理論ではなく実際に見て触っていただくことができますから、自治体のエコ発電導入にも弾みがつくと思うのです。

▼天皇陛下のご視察を受けたITエコタウン事業

――ところで、このエコ発電システムを天皇陛下にもご説明されたそうですね。

藤原　平成十一年七月五日に私ではありませんでしたが、当時社長をしておりました山本一清（現監査役）が、当社の柏研究所がありました東葛テクノプラザに陛下が視察においでになられたときに、謁見をいただきました。このときはまだ実証プラントもなく、単なる設計図面だけで、説明させていただきましたが、ダイオキシン問題に関してはかなり詳しくご存知だったようです。

「ダイオキシン問題がなくなるシステムです」とご説明申し上げたら、「それはよいですね。頑張って下さい」と陛下にお声をいただきました。このときのエピソードがありまして、終わってからさすがエキシーだと誉められました。東葛テクノプラザの貴賓室に、選ばれたベンチャー企業の社長が数人、千葉県知事と数人の宮内庁職員だけが入り、報道も県職員も立入り禁止状態だったそうです。

このときエキシーの山本社長以外の人は、緊張のあまり呼ばれても返事が喉から出ず、山本社長の番になり「株式会社エキシーの山本です」と大きい声で返事をして、エコ発電を説明させていただいたら、いったんご説明が終わり通り過ぎたのですが、次の方が返事をしないいため、陛下も気がそがれてしまわれ、また、数歩戻って来られて、山本社長に質問をされたそうです。この話は、町工場の社長が、緊張の極まりで返事もできなかったといえばしょうがありませんが、終わったあとは、顔がこわばったままの状態だったそうです。

確かに、大臣になっても任命は人伝いで直接話すことはできないのですから、大臣でも経験できないことを経験してしまったのですから、声が出なくなるのもあながち頷けます。私もこの謁見が終わったあとは、お見送りに出ることができて、一人ひとり言葉は掛けられませんでしたが、会釈をさせていただきました。ただ、この日からは、お役所へ行ってもお役人さんの態度が全然違うんですね。（笑）食品リサイクルエコ発電に対する協力体制が一八〇度変わってしまったんです。

これほど天皇陛下に謁見できた会社の信用力というのは、月とスッポンほどの違いがあるんですね。大変光栄であるとともに心から感謝しております。できれば、いつかは、実物をご覧いただくことが次の夢です。

第七章

資料編

循環型社会形成推進基本法

▼循環型社会形成推進基本法

目次

第一章　総則（第一条―第十四条）
第二章　循環型社会形成推進基本計画（第十五条・第十六条）
第三章　循環型社会の形成に関する基本的施策
第一節　国の施策（第十七条―第三十一条）
第二節　地方公共団体の施策（第三十二条）
附則

第一章　総則

（目的）

第一条　この法律は、環境基本法（平成五年法律第九十一号）の基本理念にのっとり、循環型社会の形成について、基本原則を定め、並びに国、地方公共団体、事業者及び国民の責務を明らかにするとともに、循環型社会形成推進基本計画の策定その他循環型社会の形成に関する施策の基本となる事項を定めることにより、循環型社会の形成に関する施策を総合的かつ計画的に推進し、もって現在及び将来の国民の健康で文化的な生活の確保に寄与することを目的とする。

(定義)

第二条 この法律において「循環型社会」とは、製品等が廃棄物等となることが抑制され、並びに製品等が循環資源となった場合においてはこれについて適正に循環的な利用が行われることが促進され、及び循環的な利用が行われない循環資源については適正な処分(廃棄物(廃棄物の処理及び清掃に関する法律(昭和四十五年法律第百三十七号)第二条第一項に規定する廃棄物をいう。以下同じ。)としての処分をいう。以下同じ。)が確保され、もって天然資源の消費を抑制し、環境への負荷ができる限り低減される社会をいう。

2 この法律において「廃棄物等」とは、次に掲げる物をいう。

一 廃棄物

二 一度使用され、若しくは使用されずに収集され、若しくは廃棄された物品(現に使用されているものを除く。)又は製品の製造、加工、修理若しくは販売、エネルギーの供給、土木建築に関する工事、農畜産物の生産その他の人の活動に伴い副次的に得られた物品（前号に掲げる物並びに放射性物質及びこれによって汚染された物を除く。）

3　この法律において「循環資源」とは、廃棄物等のうち有用なものをいう。

4　この法律において「循環的な利用」とは、再使用、再生利用及び熱回収をいう。

5　この法律において「再使用」とは、次に掲げる行為をいう。

一　循環資源を製品としてそのまま使用すること（修理を行ってこれを使用することを含む。）。

二　循環資源の全部又は一部を部品その他製品の一部として使用すること。

6　この法律において「再生利用」とは、循環資源の全部又は一部を原材料として利用することをいう。

7　この法律において「熱回収」とは、循環資源の全部又は一部であって、燃焼の用に供することができるもの又はその可能性のあるものを熱を得ることに利用することをいう。

8　この法律において「環境への負荷」とは、環境基本法第二条第一項に規定する環境への負荷をいう。

（循環型社会の形成）

第三条　循環型社会の形成は、これに関する行動がその技術的及び経済的な可能性を踏まえつつ自主的かつ積極的に行われるようになることによって、環境への負荷の少ない健全な経済の発展を図りながら持続的に発展することができる社会の実現が推進されることを旨として、行われなければならない。

（適切な役割分担等）

第四条　循環型社会の形成は、このために必要な措置が国、地方公共団体、事業者及び国民の適切な役割分担の下に講じられ、かつ、当該措置に要する費用がこれらの者により適正かつ公平に負担されることにより、行われなければならない。

（原材料、製品等が廃棄物等となることの抑制）

第五条　原材料、製品等については、これが循環資源となった場合におけるその循環的な利用又は処分に伴う環境への負荷ができる限り低減される必要があることにかんがみ、原材料にあっては効率的に利用されること、製品にあってはなるべく長期間使用されること等により、廃棄物等となることができるだけ抑制されなければならない。

（循環資源の循環的な利用及び処分）

第六条　循環資源については、その処分の量を減らすことにより環境への負荷を低減する必要があることにかんがみ、できる限り循環的な利用が行われなければならない。
2　循環資源の循環的な利用及び処分に当たっては、環境の保全上の支障が生じないように適正に行われなければならない。

（循環資源の循環的な利用及び処分の基本原則）

第七条　循環資源の循環的な利用及び処分に当たっては、技術的及び経済的に可能な範囲で、かつ、次に定めるところによることが環境への負荷の低減にとって必要であることが最大限に考慮されることによって、これらが行われなければならない。この場合において、次に定めるところによらないことが環境への負荷の低減にとって有効であると認められるときはこれによらないことが考慮されなければならない。

一　循環資源の全部又は一部のうち、再使用をすることができるものについては、再使用がされなければならない。

二　循環資源の全部又は一部のうち、前号の規定による再使用がされないものであって再生利用をすることができるものについては、再生利用がされなければならない。

三　循環資源の全部又は一部のうち、第一号の規定による再使用及び前号の規定による再生利用がされないものであって熱回収をすることができるものについては、熱回収がされなければならない。

四　循環資源の全部又は一部のうち、前三号の規定による循環的な利用が行われないものについては、処分されなければならない。

（施策の有機的な連携への配慮）

第八条　循環型社会の形成に関する施策を講ずるに当たっては、自然界における物質の適正な循環の確保に関する施策その他の環境の保全に関する施策相互の有機的な連携が図られるよう、必要な配慮がなされるものとする。

（国の責務）

第九条　国は、第三条から第七条までに定める循環型社会の形成についての基本原則（以下「基本原則」という。）にのっとり、循環型社会の形成に関する基本的かつ総合的な施策を策定し、及び実施する責務を有する。

（地方公共団体の責務）

第十条　地方公共団体は、基本原則にのっとり、循環資源について適正に循環的な利用及び処分が行われることを確保するために必要な措置を実施するほか、循環型社会の形成に関し、国との適切な役割分担を踏まえて、その地方公共団体の区域の自然的社会的条件に応じた施策を策定し、及び実施する責務を有する。

（事業者の責務）

第十一条　事業者は、基本原則にのっとり、その事業活動を行うに際しては、原材料等がその事業活動において廃棄物等となることを抑制するために必要な措置を講ずるとともに、原材料等がその事業活動において循環資源となった場合には、これについて自ら適正に循環的な利用を行い、若しくはこれについて適正に循環的な利用が行われるために必要な措置を講じ、又は循環的な利用が行われない循環資源について自らの責任において適正に処分する責務を有する。

2　製品、容器等の製造、販売等を行う事業者は、基本原則にのっとり、その事業活動を行うに際しては、当該製品、容器等の耐久性の向上及び修理の実施体制の充実その他の当該製品、容器等が廃棄物等となることを抑制するために必要な措置を講ずるとともに、当該製品、容器等の設計の工夫及び材質又は成分の表示その他の当該製品、容器等が循環資源となったものについて適正に循環的な利用が行われることを促進し、及びその適正な処分が困難とならないようにするために必要な措置を講ずる責務を有する。

3　前項に定めるもののほか、製品、容器等であって、これが循環資源となった場合における その循環的な利用を適正かつ円滑に行うためには国、地方公共団体、事業者及び国民がそれぞれ適切に役割を分担することが必要であるとともに、当該製品、容器等に係る設計及び原材料の選択、当該製品、容器等が循環資源となったものの収集等の観点からその事業者の果たすべき役割が循環型社会の形成を推進する上で重要であると認められるものについては、当該製品、容器等の製造、販売等を行う事業者は、基本原則にのっとり、当該分担すべき役割として、自ら、当該製品、容器等が循環資源となったものを引き取り、若しくは引き渡し、又はこれについて適正に循環的な利用を行う責務を有する。

4　循環資源であって、その循環的な利用を行うことが技術的及び経済的に可能であり、かつ、その循環的な利用が促進されることが循環型社会の形成を推進する上で重要であると認められるものについては、当該循環資源の循環的な利用を行うことができる事業者は、基本原則にのっとり、その事業活動を行うに際しては、これについて適正に循環的な利用を行う責務を有する。

5　前各項に定めるもののほか、事業者は、基本原則にのっとり、その事業活動に際しては、再生品を使用すること等により循環型社会の形成に自ら努めるとともに、国又は地方公共団体が実施する循環型社会の形成に関する施策に協力する責務を有する。

（国民の責務）

第十二条　国民は、基本原則にのっとり、製品をなるべく長期間使用すること、再生品を使用すること、循環資源が分別して回収されることに協力すること等により、製品等が廃棄物等となることを抑制し、製品等が循環資源となったものについて適正に循環的な利用が行われることを促進するよう努めるとともに、その適正な処分に関し国及び地方公共団体の施策に協力する責務を有する。

2　前項に定めるもののほか、前条第三項に規定する製品、容器等については、国民は、基本原則にのっとり、当該製品、容器等が循環資源となったものを同項に規定する事業者に適切に引き渡すこと等により当該事業者が行う措置に協力する責務を有する。

3　前二項に定めるもののほか、国民は、基本原則にのっとり、循環型社会の形成に自ら努めるとともに、国又は地方公共団体が実施する循環型社会の形成に関する施策に協力する責務を有する。

（法制上の措置等）

第十三条　政府は、循環型社会の形成に関する施策を実施するため必要な法制上又は財政上の措置その他の措置を講じなければならない。

（年次報告等）

第十四条　政府は、毎年、国会に、循環資源の発生、循環的な利用及び処分の状況並びに政府が循環型社会の形成に関して講じた施策に関する報告を提出しなければならない。

2　政府は、毎年、前項の報告に係る循環資源の発生、循環的な利用及び処分の状況を考慮して講じようとする施策を明らかにした文書を作成し、これを国会に提出しなければならない。

第二章　循環型社会形成推進基本計画

（循環型社会形成推進基本計画の策定等）

第十五条　政府は、循環型社会の形成に関する施策の総合的かつ計画的な推進を図るため、循環型社会の形成に関する基本的な計画（以下「循環型社会形成推進基本計画」という。）を定めなければならない。

2　循環型社会形成推進基本計画は、次に掲げる事項について定めるものとする。

一　循環型社会の形成に関する施策についての基本的な方針

二　循環型社会の形成に関し、政府が総合的かつ計画的に講ずべき施策

三　前二号に掲げるもののほか、循環型社会の形成に関する施策を総合的かつ計画的に推進するために必要な事項

3　中央環境審議会は、平成十四年四月一日までに循環型社会形成推進基本計画の策定のための具体的な指針について、環境大臣に意見を述べるものとする。

4　環境大臣は、前項の具体的な指針に即して、中央環境審議会の意見を聴いて、循環型社会形成推進基本計画の案を作成し、平成十五年十月一日までに、閣議の決定を求めなければならない。

5　環境大臣は、循環型社会形成推進基本計画の案を作成しようとするときは、資源の有効な利用の確保に係る事務を所掌する大臣と協議するものとする。

6　環境大臣は、第四項の規定による閣議の決定があったときは、遅滞なく、循環型社会形成推進基本計画を国会に報告するとともに、公表しなければならない。

7　循環型社会形成推進基本計画の見直しは、おおむね五年ごとに行うものとし、第三項から前項までの規定は、循環型社会形成推進基本計画の変更について準用する。この場合において、第三項中「平成十四年四月一日までに」とあるのは「あらかじめ、」と、第四項中「平成十五年十月一日までに」とあるのは「遅滞なく」と読み替えるものとする。

（循環型社会形成推進基本計画と国の他の計画との関係）

第十六条　循環型社会形成推進基本計画は、環境基本法第十五条第一項に規定する環境基本計画（次項において単に「環境基本計画」という。）を基本として策定するものとする。

2　環境基本計画及び循環型社会形成推進基本計画以外の国の計画は、循環型社会の形成に関しては、循環型社会形成推進基本計画を基本とするものとする。

第三章　循環型社会の形成に関する基本的施策

第一節　国の施策

（原材料、製品等が廃棄物等となることの抑制のための措置）

第十七条　国は、事業者がその事業活動に際して原材料を効率的に利用すること、繰り返して使用することが可能な容器等を使用すること等により原材料等が廃棄物等となることを抑制するよう、規制その他の必要な措置を講ずるものとする。

2　国は、国民が製品をなるべく長期間使用すること、商品の購入に当たって容器等が過剰に使用されていない商品を選択すること等により製品等が廃棄物等となることを抑制するよう、これに関する知識の普及その他の必要な措置を講ずるものとする。

（循環資源の適正な循環的な利用及び処分のための措置）

第十八条　国は、事業者が、その事業活動に際して、当該事業活動において発生した循環資源について自ら適正に循環的な利用を行い、若しくはこれについて適正に循環的な利用が行われることを促進し、又は循環的な利用が行われない当該循環資源について自らの責任において適正に処分するよう、規制その他の必要な措置を講ずるものとする。

2　国は、国民が、その使用に係る製品等が循環資源となったものが分別して回収されることに協力すること、当該循環資源に係る次項に規定する引取り及び引渡し並びに循環的な利用の適正かつ円滑な実施に協力すること等により当該循環資源について適正に循環的な利用及び処分が行われることを促進するよう、必要な措置を講ずるものとする。

3　国は、製品、容器等が循環資源となった場合におけるその循環的な利用が適正かつ円滑に行われることを促進するため、当該循環資源の処分の技術上の困難性、循環的な利用の可能性等を勘案し、国、地方公共団体、事業者及び国民がそれぞれ適切に役割を分担することが必要であり、かつ、当該製品、容器等に係る設計及び原材料の選択、当該製品、容器等が循環資源となったものの収集等の観点からその事業者の果たすべき役割が循環型社会の形成を推進する上で重要であると認められるものについて、当該製品、容器等の製造、販売等を行う事業者が、当該製品、容器等が循環資源となったものの引取りを行い、若しくは当該引取りに係る循環資源の引渡しを行い、又は当該引取りに係る循環資源について適正に循環的な利用を行うよう、必要な措置を講ずるものとする。

4　国は、循環資源であってその循環的な利用を行うことが技術的及び経済的に可能であり、かつ、その循環的な利用が促進されることが循環型社会の形成を推進する上で重要であると認められるものについて、その事業活動を行うに際して当該循環資源の循環的な利用を行うことができる事業者がこれについて適正に循環的な利用を行うよう、規制その他の必要な措置を講ずるものとする。

（再生品の使用の促進）

第十九条　国は、再生品に対する需要の増進に資するため、自ら率先して再生品を使用するとともに、地方公共団体、事業者及び国民による再生品の使用が促進されるように、必要な措置を講ずるものとする。

（製品、容器等に関する事前評価の促進等）

第二十条　国は、循環資源の循環的な利用及び処分に伴う環境への負荷の程度を勘案して、事業者が、物の製造、加工又は販売その他の事業活動に際して、その事業活動に係る製品、容器等に関し、あらかじめ次に掲げる事項について自ら評価を行い、その結果に基づき、当該製品、容器等に係る環境への負荷を低減するための各種の工夫をすることにより、当該製品、容器等が廃棄物等となることが抑制され、当該製品、容器等が循環資源となった場合におけるその循環的な利用が促進され、並びにその循環的な利用及び処分に伴う環境への負荷の低減が図られるよう、技術的支援その他の必要な措置を講ずるものとする。

一　その事業活動に係る製品、容器等の耐久性に関すること。

二　その事業活動に係る製品、容器等が循環資源となった場合におけるその循環的な利用及び処分の困難性に関すること。
三　その事業活動に係る製品、容器等が循環資源となった場合におけるその重量又は体積に関すること。
四　その事業活動に係る製品、容器等に含まれる人の健康又は生活環境（人の生活に密接な関係のある財産並びに人の生活に密接な関係のある動植物及びその生育環境を含む。）に係る被害が生ずるおそれがある物質の種類及び量その他当該製品、容器等が循環資源となった場合におけるその処分に伴う環境への負荷の程度に関すること。
2　国は、事業者が、その事業活動に係る製品、容器等が廃棄物等となることが抑制され、又は当該製品、容器等が循環資源となった場合においてこれについて適正に循環的な利用及び処分が行われるために必要なその材質又は成分、その処分の方法その他の情報を、その循環的な利用及び処分を行う事業者、国民等に提供するよう、規制その他の必要な措置を講ずるものとする。
（環境の保全上の支障の防止）
第二十一条　国は、原材料等が廃棄物等となることの抑制並びに循環資源の循環的な利用及び処分を行う際の環境の保全上の支障を防止するため、公害（環境基本法第二条第三項に規定する公害をいう。）の原因となる物質の排出の規制その他の必要な措置を講じなければならない。

（環境の保全上の支障の除去等の措置）

第二十二条　国は、循環資源の循環的な利用及び処分により環境の保全上の支障が生じると認められる場合において、当該環境の保全上の支障に係る循環資源の利用若しくは処分又は排出を行った事業者に対して、当該循環資源を適正に処理し、環境の保全上の支障を除去し、及び原状を回復させるために必要な費用を負担させるため、必要な措置を講ずるものとする。この場合において、当該事業者が資力がないこと、確知できないこと等により、当該事業者が当該費用を負担できないときにおいても費用を負担することができるよう、事業者等による基金の造成その他の必要な措置を講ずるものとする。

（原材料等が廃棄物等となることの抑制等に係る経済的措置）

第二十三条　国は、製品等の製造若しくは加工又は循環資源の循環的な利用、処分、収集若しくは運搬を業として行う者が原材料の効率的な利用を図るための施設の整備、再生品を製造するための施設の整備その他の原材料等が廃棄物等となることを抑制し、又は循環資源について適正に循環的な利用及び処分を行うための適切な措置を執ることを促進するため、その者にその経済的な状況等を勘案しつつ必要かつ適正な経済的な助成を行うために必要な措置を講ずるように努めるものとする。

2　国は、適正かつ公平な経済的な負担を課すことにより、事業者及び国民によって製品、容器等が廃棄物等となることの抑制又は製品、容器等が循環資源となった場合におけるその適正かつ円滑な循環的な利用若しくは処分に資する行為が行われることを促進する施策に関し、これに係る措置を講じた場合における効果、我が国の経済に与える影響等を適切に調査し、及び研究するとともに、その措置を講ずる必要がある場合には、その措置に係る施策を活用して循環型社会の形成を推進することについて国民の理解と協力を得るように努めるものとする。

（公共的施設の整備）

第二十四条　国は、循環資源の循環的な利用、処分、収集又は運搬に供する施設（移動施設を含む。）その他の循環型社会の形成に資する公共的施設の整備を促進するため、必要な措置を講ずるものとする。

（地方公共団体による施策の適切な策定等の確保のための措置）

第二十五条　国は、地方公共団体による循環資源の循環的な利用及び処分に関する施策その他の循環型社会の形成に関する施策の適切な策定及び実施を確保するため、必要な措置を講ずるものとする。

（地方公共団体に対する財政措置等）

第二十六条　国は、地方公共団体が循環型社会の形成に関する施策を策定し、及び実施するための費用について、必要な財政上の措置その他の措置を講ずるように努めるものとする。

（循環型社会の形成に関する教育及び学習の振興等）

第二十七条　国は、循環型社会の形成の推進を図るためには事業者及び国民の理解と協力を得ることが欠くことのできないものであることにかんがみ、循環型社会の形成に関する教育及び学習の振興並びに広報活動の充実のために必要な措置を講ずるものとする。

（民間団体等の自発的な活動を促進するための措置）

第二十八条　国は、事業者、国民又はこれらの者の組織する民間の団体（次項において「民間団体等」という。）が自発的に行う循環資源に係る回収活動、循環資源の譲渡又は交換のための催しの実施、製品、容器等が循環資源となった場合にその循環的な利用又は処分に寄与するものであることを表示することその他の循環型社会の形成に関する活動が促進されるように、必要な措置を講ずるものとする。

2　国は、前項の民間団体等が自発的に行う循環型社会の形成に関する活動の促進に資するため、循環資源の発生、循環的な利用及び処分の状況に係る情報その他の循環型社会の形成に関する必要な情報を適切に提供するように努めるものとする。

（調査の実施）

第二十九条　国は、循環資源の発生、循環的な利用及び処分の状況、これらの将来の見通し又は循環資源の処分による環境への影響に関する調査その他の循環型社会の形成に関する施策の策定及び適正な実施に必要な調査を実施するものとする。

（科学技術の振興）

第三十条　国は、循環資源の循環的な利用及び処分に伴う環境への負荷の程度の評価の手法、製品等が廃棄物等となることの抑制又は循環資源について適正に循環的な利用及び処分を行うための技術その他の循環型社会の形成に関する科学技術の振興を図るものとする。
2　国は、循環型社会の形成に関する科学技術の振興を図るため、研究体制の整備、研究開発の推進及びその成果の普及、研究者の養成その他の必要な措置を講ずるものとする。

（国際的協調のための措置）

第三十一条　国は、循環型社会の形成を国際的協調の下で促進することの重要性にかんがみ、循環資源の循環的な利用及び処分に関する国際的な連携の確保その他循環型社会の形成に関する国際的な相互協力を推進するために必要な措置を講ずるように努めるものとする。

第二節　地方公共団体の施策

第三十二条　地方公共団体は、その地方公共団体の区域の自然的社会的条件に応じた循環型社会の形成のために必要な施策を、その総合的かつ計画的な推進を図りつつ実施するものとする。

附　則

（施行期日）

第一条　この法律は、公布の日から施行する。ただし、第十五条及び第十六条の規定は、平成十三年一月六日から施行する。

（中央省庁等改革のための国の行政組織関係法律の整備等に関する法律の一部改正）

第二条　中央省庁等改革のための国の行政組織関係法律の整備等に関する法律（平成十一年法律第百二号）の一部を次のように改正する。

第百八十五条のうち環境基本法第四十一条第二項第三号を同項第二号とし、同号の次に一号を加える改正規定中「及び絶滅のおそれのある野生動植物の種の保存に関する法律（平成四年法律第七十五号）」を「、絶滅のおそれのある野生動植物の種の保存に関する法律（平成四年法律第七十五号）、ダイオキシン類対策特別措置法（平成十一年法律第百五号）及び循環型社会形成推進基本法（平成十二年法律第百十号）」に改める。

理　由

廃棄物等の発生量が増大し、及び循環資源の循環的な利用が十分に行われていない状況にかんがみ、循環型社会の形成に関する施策の総合的かつ計画的な推進を図るため、循環型社会の形成について、基本原則を定め、並びに国、地方公共団体、事業者及び国民の責務を明らかにするとともに、施策の基本となる事項を定める等の必要がある。これが、この法律案を提出する理由である。

【ITエコタウン研究会】連絡先

［住所］〒134-0083　東京都江戸川区中葛西1-31-9　東京エコ発電センター内3F

［連絡先］電話03-5679-7436（直通）Fax03-5679-7201

［メール・アドレス］gets@exy.co.jp

会長――――**藤原伝夫**〔株式会社エキシー総合研究所代表〕

バイオ委員―**服部　亮**〔日本バイオベンチャー推進協会理事〕

祭事委員――**山本一清**〔株式会社東京セレモニー会長〕

技術委員――**洞口卓哉**〔東京エコ発電センター長〕

通信委員――**梅田泰由**〔株式会社エキシーレディコン事業部長〕

運営委員――**太田貴宏**〔東京食品リサイクル事業協同組合事務局長〕

最高顧問――**鈴木勇吉**〔東京食品リサイクル事業協同組合理事長〕〔前全国産業廃棄物連合会会長〕

（「ITエコタウン」は登録商標です）

ITエコタウン

2002年5月30日第1版第1刷発行

編著者——ITエコタウン研究会

発行者——村田博文

発行所——株式会社財界研究所

［住所］〒100－0014東京都千代田区永田町2－14－3赤坂東急ビル11階

［電話］03－3581－6771［FAX］03－3581－6777

【関西支社】〒530－0047大阪市北区西天満4－4－12近藤ビル

［電話］06－6364－5930［FAX］06－6364－2357

［郵便振替］00180－3－171789

［URL］http://www.zaikai.jp

ブックデザイン——中山デザイン事務所

印刷・製本——図書印刷株式会社

ISBN4-87932-024-2　定価はカバーに印刷しております。